한국산업인력공단의 최신 출제 기준에 맞추어 내용을 새롭게 구성

Western
Cooking

양식조리기능사 자격증 취득을 원하는 분들을 위한

서양조리

이동근·서강태·이필우 공저

ⓑ (주)백산출판사

Preface

외식산업의 급속한 성장과 각종 언론매체의 영향으로 조리사의 인기와 수요가 늘어나고 있습니다. 이에 따라 전문지식을 갖고 체계화된 조리사 육성의 필요성이 강조되고 있으나 서양요리에 관한 기존 서적에는 자주 사용하는 조리용어, 메뉴용어나 조리과정이 생략되어 있어 이해하는 데 많은 어려움이 있었습니다. 이에 저자는 조리에 필요한 기본적인 이론을 수록하였으며 현장경력, 교육경력, 심사경력을 바탕으로 조리과정을 쉽게 이해할 수 있도록 실기를 포함하여 구성하였습니다.

본서는 제1부와 제2부로 구성하였습니다.
제1부는 서양요리의 기초이론부분으로 서양요리의 개요, 메뉴의 구성, 주방의 개요, 조리기기, 향신료, 조리용어와 계량법, 어패류, 가금류, 육류, 치즈, 채소를 다루었습니다.
제2부는 서양요리의 실기부분으로 양식조리기능사 과제 30가지의 요리 만드는 과정사진과 완성사진을 함께 수록하여 쉽게 이해하도록 하였습니다.

양식조리기능사 자격증을 취득하고자 하는 분들을 위하여 한국산업인력공단의 최신 출제 기준에 맞추어 내용을 새롭게 구성하였습니다. 조리에 처음 입문하시는 분들과 양식에 대한 기초 지식을 체계적으로 수학하고자 하는 분들께 본서가 도움이 되었으면 하는 바람입니다.

열정과 노력으로 정성을 다하여 집필하였으나 미흡하고 부족한 부분이 있으리라 사료됩니다. 많은 조언을 기대하며 부족한 부분은 수정·보완하여 완성도 높은 실무서가 되도록 노력하겠습니다.

끝으로 본서가 출간되기까지 모든 지원을 아끼시지 않은 백산출판사 진욱상 사장님, 이경희 부장님을 비롯하여 세심하게 편집작업을 해주신 편집부 임직원분들께도 지면으로나마 감사의 마음을 전합니다.

2024년 2월
저자 씀

Contents

제2부

실기

PART

1

기초이론

Chapter 1

서양요리의 개요

1. 서양요리의 개요

서양요리는 프랑스 요리를 바탕으로 독일, 영국, 이탈리아 등의 유럽요리와 미국, 캐나다 등의 요리를 포함하는 나라들의 요리라 정의할 수 있다. 각 나라의 다양한 식재료와 식문화로 많은 요리가 존재하나 대부분이 프랑스 요리에서 사용되는 조리법과 조리과정에 기초를 두고 있다.

프랑스 요리가 서양요리를 대표할 수 있는 이유는 유럽에서 역사, 정치, 문화의 중심지였으며 지형적으로 이탈리아, 독일, 스위스, 스페인과 인접하고 있어 쉽게 문화적 교류가 이루어졌고 조리에 필요한 식재료, 버터 등의 유제품, 밀가루 등의 식재료와 서양요리의 필수품이라 할 수 있는 포도주 등이 풍부하여 요리가 발전할 수 있는 최적의 여건이 마련되어 있었기 때문이다.

이러한 요소들이 오늘날의 프랑스 요리가 유럽의 음식문화를 선도적으로 이끌었고 유럽인들의 식생활까지 풍요롭게 해주었으며 세계적인 요리로 만들었다.

신석기 시대의 농업기술 발달은 인간생계를 위한 농업생산을 앞지르게 되었다. 특히 나일강의 삼각주를 중심으로 한 비옥한 토지는 부의 축적을 가능하게 하였다. 이때 인간들은 잉여농산물을 화폐가치로 이용하기도 하고 배를 불리는 음식의 차원을 떠나서 즐기기 위한 미식 요리의 차원으로 만들어 나갔다.

음식을 저장하는 과정에서 마리네이드(mar-inade, 절임), 스모크(smoked, 훈연), 드라이(dried, 건조)하는 방법이 개발되어 현대에 와서도 널리 사용되고 있다.

인간은 본능적으로 무리를 이루어 살아가고, 무리들 중에는 언제나 질서가 요구되는데 질서는 곧 권력을 낳게 되면서 권력은 다시 부의 상징으로 발전되어 왔다. 권력과 부에 의하여 요리가 발전된 것은 그리스와 로마를 거쳐서 프랑스로 이어진 요리의 역사이기도 하다.

2. 서양요리의 역사

불의 발견은 인간이 가지고 있는 능력을 무한대로 발전시키는 계기를 마련하였고, 조리에 있어서는 날것으로 먹던 것을 익혀서 먹는 조리기술의 확장을 가져왔다. 즉, 불의 발견은 요리에 대한 전반적인 변화를 가져왔다.

사람의 기술 중에서 가장 오래된 고대 예술 중 하나인 요리는 선사 시대까지 거슬러 올라간 시대부터 시작되었다.

불을 발견한 이후로 사람들은 혈연 중심으로 모여 살면서 고기와 가축을 나누어 가졌다. 고대인이 식사에 사용한 주요 식량에는 나무뿌리, 곡식, 과실열매, 벌꿀, 생선 또는 동물의 젖, 알 등이 포함되어 있다. 최초의 조리 방법은 굽는 것이었는데 타고 남은 숯에 고기를 굽거나 뜨거운 불 위에 쇠꼬챙이를 끼워 구웠을 것이다.

또 하나의 조리 방법으로 삶는 법이 있었는데 동물의 위주머니나 가죽, 내장 등에 뜨거운 조약돌, 물, 음식을 같이 넣고 돌을 경계로 하여 물을 가득 채운 다음 익히는 동안에 온도를 유지하기 위하여 구덩이에 뜨거운 조약돌을 채워 놓았으며 도기의 발견으로 식물을 용기에 넣어 물을 넣고 불을 가열하거나 불에 가열한 통에 넣어 필요한 조리온도를 유지하여 익혀 먹은 것으로 보인다.

여러 나라의 고대 문명 중 이집트의 요리에 대하여 많은 것이 알려져 있다. 그 시대의 서적이나 흔적은 남아 있지 않지만, 분묘, 피라미드, 벽화에서 그림이나 상형문자로 그려진 제빵, 조리사들의 작업과정이 발견된 것으로 보아 알 수 있다.

나일강의 비옥한 땅에서는 야채, 과일나무, 포도, 닭, 생선, 달걀 등이 풍부하였고 제빵제과가 유명하여 빵을 만드는 사람은 이집트인들에게서 많은 존경을 받은 것으로 알려져 있다.

고대 그리스	• 앗시리아의 왕 살도나팔루스, 세계 최초 요리경진대회 개최 • 페르시아인에게 요리와 식사법 배움 • AD 1~3세기에 요리에 대한 전문서적 발간(로마인 "아피시우스") • 페르시아인들로부터 그 조리법과 식사법을 계승 • 가장 유명했던 조리장으로는 팀브론(Timbron), 테마시데스(Themacides), 아케스트라투스(Archestratus) 등이 있음
로마 시대	• 서양요리의 전성시대 • 로마시대 레시피를 바탕으로 하는 유명한 레스토랑이 남아 성업 • 요리에 예술적인 면을 강조하는 제빵기술자들이 대거 등장 • 향신료를 아시아로부터 들어와 진정으로 요리의 전성기 • 3가지 코스에서부터 많게는 10가지 이상의 코스요리를 먹음 • 개발된 많은 요리는 이태리 요리를 비롯하여 프랑스 요리 등 서양요리의 발전에 영향

14~15세기	• 요리로서 하나의 형태가 갖추어진 시기 • 기본음식은 보리페이스트, 보리죽, 보리빵 • 초기 그리스도인들은 하루 네 끼 식사를 하였는데 아침은 아크라티스마(Acratisma), 저녁은 아리스톤이나 데이포네(Deiphone), 렐리쉬(Relish), 헤스페리스마(Hesperisma) 그리고 만찬은 도르페(Dorpe)라고 함
16~ 17세기	• 1533년 오를레앙 공작은, 유명한 후로렌틴가의 캐더린 메디치와 결혼함에 따라 그녀의 유명한 많은 이태리 조리장과 제빵전문가들이 프랑스로 함께 가게 되어 프랑스인들은 이태리 조리사들로부터 조리를 배워 그들의 조리학교에서 요리를 기술적으로 발전시킴 • 1582년 레스토랑 뚜루 다흐장이 개점 • 능력이 있는 조리사는 연금과 생활이 보장되고, 미식의 연구와 발전에 대한 일만 할 수 있는 최상의 환경 • 루이 14세(1638~1715)경의 시대에는 프랑스문화가 유럽 전체에 파급되었으며, 문화의 일부와 함께 요리도 같이 전파되어 프랑스 요리의 황금시대
18세기 이후	• 까렘은 요리를 미학의 입장에서 생각하고 요리를 예술적인 작업으로 조리이론에 관해서 수많은 명저를 남김 • 유르반 뒤브와즈가 프랑스식 서비스의 결점인 예술적 센스와 호화로움만을 주장해서 따뜻한 요리와 차가운 요리를 한번에 다 늘어놓는 것을 지양하고, 식사 코스마다 요리를 내놓는 러시아식 서비스법을 보급 • 에스코피에는 프랑스 요리의 왕이라 불리는 19세기 중기부터 20세기 중기까지 사보이호텔의 조리장, 그래브너 하우스 호텔, 칼톤 타워호텔 조리장으로 활동한 조리사로 현대 프랑스 요리의 기초를 체계화시킨 사람으로서 Le Guide Culinaire라는 저서를 냄으로써 국제화된 조리기술의 창시자
뉴-퀴진 (New-Cuisine)시대	• 고전의 복잡하고 기름진 요리에서 탈피하여 새로운 방식의 요리를 만들어내는 방법 • 신선한 식재료를 선택하고 조리방법을 단순화
퓨전(Fusion)시대	• 식재료나 조리방법이 융합되어 새로운 요리가 만들어짐 • 서로의 장점을 살린 요리가 개발되고 아울러 재료가 융합됨 • 단순하게 식재료만 섞어서 엉뚱한 요리를 만들어내는 것이 아니라 창조적이고 경제적인 면을 살려 새로운 맛을 개발
밀레니엄(Millenium) 시대	• 건강을 바탕으로 하는 요리가 유행 • 요리에 대한 변화는 포만감을 느끼는 것에서 즐기는 것으로, 만족하는 것으로 그리고 치료의 것으로 발전

3. 한국의 서양요리 역사

- 1888년 인천에 외국인을 대상으로 하여 일본인이 최초로 대불호텔을 건립하여 서양요리가 공식적으로 첫선을 보임
- 한국에 거주하는 대사관의 외국 조리사로부터 우선 모방하는 것을 기본으로 시작
- 서양요리가 대중에게 선보인 것은 한말 고종이 아관파천을 하면서 시작됨
- 1902년 10월에 독일인 손탁이 정동에 세운 손탁(Sontag)호텔이라는 곳에서 프랑스식 식당 오픈. 서양식으로 꾸며진 레스토랑을 개점하여 한말 상류사회의 각계 인사들에게 서양요리를 제공한 것으로 문헌에 남아 있음
- 일제시대 일본의 만주 및 중국 대륙의 침략을 위해 한반도를 교두보로 이용하기 위하여 철로역 주변에 서양식 숙식업의 영업을 개시
- 한국의 초기 근대 서양식 조리 유입경로는 대부분이 외국인에 의해 이루어짐
- 1914년 3월 조선호텔이라는 본격적인 서구식 호텔이 생기면서 한국의 서양식 조리도 일대 전환기를 맞게 되어 Banquet이라는 연회 등장
- 1925년에 철도 식당인 서울역 내에 Grill이 생겨 서양요리의 조리기술을 향상시키는 데 크게 기여
- 1930년 우리나라에 최초로 京城婦人會編 "션영대죠 서양료리법(The Seuol Women's Club Cook Book)"이라는 서양요리 책이 발간됨
- 1936년 개관한 호텔과 대중용 상용 호텔양식을 도입한 그 당시 대형호텔이 건립되어 부속식당을 갖추어 서양요리의 생산 판매
- 일본의 침략에 따라 일본인들의 유형에 맞는 일본식 서양요리가 보급됨
- 주한 미군으로부터 습득한 한국인 조리사들이 생겨나면서 서울을 비롯한 전국에 경양식 레스토랑이 생겨남
- 70년대 중반까지 Americain식 서양요리가 주류를 이룸
- 대형호텔이 속속 건립되면서 구미의 유수한 호텔 체인의 기술습득으로 인하여 우리의 서양식 조리는 날로 발전

- 1986년 아시안게임과 1988년 올림픽의 급식사업을 외국의 협조 없이 독자적으로 수행
- 서울을 비롯한 전국에 대형호텔이 건립되었고 수요에 대한 공급의 일환으로 전문대
  학에 조리 관련학과가 생겨나기 시작하여 양질의 조리사를 양성
- 2002 월드컵을 치르면서 대중화 · 고급화되기 시작
- 프랑스를 비롯하여 유럽, 미국 등에 국내 조리사들이 유학하여 기술을 습득

4. 서양요리의 메뉴구성

1) 메뉴작성의 원칙

메뉴는 다른 예술과 마찬가지로 세심한 계획과 관리의 목적에 기본적으로 합당한가
또는 고객에게 만족을 줄 수 있는가를 여러모로 검토하여 다음의 일반적인 원칙에 의해
작성되어야 한다.
- 업소의 형태
- 영양적 요소의 배려

- 고객의 욕구
- 원가와 수익성
- 음식의 다양성
- 구입 가능한 식재료
- 시설 및 설비
- 맛의 조화

2) 메뉴의 구성

- 3 Course Menu: 가장 짧은 코스의 메뉴로 주로 점심메뉴로 활용되며 가격이 가장 저렴하다. 순서는 Appetizer or Soup – Main Dish – Dessert이다.
- 5 Course Menu: 가장 많이 활용되는 코스의 메뉴로 비교적 가격이 저렴하며 요리의 양이 적당하다. 순서는 Appetizer – Soup – Main Dish – Dessert – Coffee or Tea이다.
- 7 Course Menu: 5코스에 추가적으로 생선요리와 샐러드가 포함된 코스의 메뉴로 중상의 가격으로 제공한다. 순서는 Appetizer – Soup – Fish or Middle Course(Hot Appetizer) – Main Dish – Salad – Dessert – Coffee or Tea이다.
- 9 Course Menu: 제공되는 요리의 가격이 고가이므로 최상의 재료를 사용하며 식재료가 다양하게 사용된다. 순서는 Appetizer – Soup – Fish or Middle Course(Hot Appetizer) – Sherbet – Main Dish – Salad – Dessert – Coffee or Tea – Cookie 이다.

Chapter 2

조리와 주방

1. 조리

1) 조리의 정의

조리란 다음과 같이 정의할 수 있다.

식품을 위생적으로 적당히 처리한 후 먹기 좋게 하고 소화가 쉽도록 하며 또한 맛있고 보기 좋게 하여 식욕이 나도록 하는 과정이다. 또한 식품을 먹을 수 있게 하는 모든 단계의 조작을 말하는데 맛있고 위생적으로 물리적·화학적 조작을 통해 합리적인 요리가 되게 하는 모든 과정이다. 조리는 일정한 기술을 가진 사람이 식품에 열과 기타 필요한 향신료를 첨가하여 조리기구를 이용하여, 굽거나 끓이거나 볶는 행위를 말한다.

2) 요리와 조리의 차이

대부분의 사람들은 요리와 조리를 구분없이 사용하는 경우가 있으나 엄격히 말하면 둘은 차이가 있다.

조리는 식품을 먹을 수 있게 하는 모든 단계의 조작을 말하는데 맛있고 위생적으로 물리적·화학적 조작을 통해 합리적인 요리가 되게 하는 모든 과정이라 할 수 있는 데 반해 요리는 식품을 먹을 수 있게 맛있고 위생적으로 물리적·화학적 조작을 통해 합리적인 요리가 되게 하는 모든 과정을 포함한 결과물을 일컫는다.

3) 조리업무

조리의 업무는 식재료의 구매, 상품의 생산, 판매서비스에 이르는 전 공정에서 발생하는 제반 업무를 말하며, 부차적으로 인력, 주방 관리에 관계되는 업무를 말한다. 조리업무의 궁극적 목적은 합리적인 조리업무를 통한 상품가치의 극대화와 이를 통한 고객의 욕구 충족이라 할 수 있다.

4) 조리업무의 기본단계

조리업무의 기본단계는 크게 의사결정의 단계, 생산의 단계, 판매와 사후관리의 단계 등 3단계로 나눌 수 있다.

첫째, 조리업무의 의사결정 단계는 전년도 매출기록, 객실 예약상황, 당일 예약상황 등 기초자료를 이용하여 예상 이용객수를 예측함과 소요 식자재의 구매를 의뢰하고 신메뉴 작성 및 개발을 하는 단계이다. 즉 동종업계를 답사하고 정기적 시장조사를 하며 비수기에 대비한 식자재의 구매저장과 적정재고량을 유지한다. 또한 정기 재고조사를 하고 구매 물품에 대한 철저한 검수를 하는 단계라 할 수 있다.

둘째, 요리상품의 생산단계는 표준량목표에 의한 상품생산과 기타 생산에 필요한 여러 조리공정의 단계이다. 이 단계에서는 품질관리가 요구되며 조리 공정의 관리를 통한 낭비 요소를 제거하는 것이 중요하다.

셋째, 요리상품의 판매와 사후관리단계는 요리가 신속 · 정확하게 전달되도록 하며 고객의 요리에 대한 반응을 수시로 점검하고 손님의 특성을 정확히 파악하여 신 메뉴 개발의 기초자료로 사용하고 이를 위한 고객카드나 매출 품목기록을 철저히 하여 비인기 상품에 대한 대체품목 개발 및 매출 품목기록을 철저히 하여 비인기 상품에 대한 대체품목을 개발하는 것이다.

5) 조리인의 기본자세

- 위생적인 자세: 고객의 건강과 직결(개인위생, 주방위생, 식품위생)

2. 주방

1) 주방의 개요

음식을 만들거나 준비 과정 중 사용하도록 정해
놓은 공간, 즉 조리부서의 장을 중심으로 법적 자
격을 갖춘 조리사가 레시피(Recipe)에 의해 섭취
가능한 식품을 조리기구와 장비를 이용하여 고객
에게 판매할 식음료 상품을 만들 수 있도록 차려
진 장소를 말한다. 주방은 음식의 개발 및 생산성
마케팅 활동, 지속적인 생산성 향상을 위한 식재
료의 재고조절로 효과적인 노무관리를 하며 식음
료의 판매 및 서비스 부문을 적극적으로 지원하는 기능을 한다.

2) 주방의 조직

주방 조직은 요리의 생산과 식자재의 구매, 인력관리, 메뉴개발 등 요리 상품과 주방
운영에 관계되는 전반적인 업무를 효율적으로 수행하기 위한 일체의 인적 구성이다.

표 2-1 **주방의 조직도**

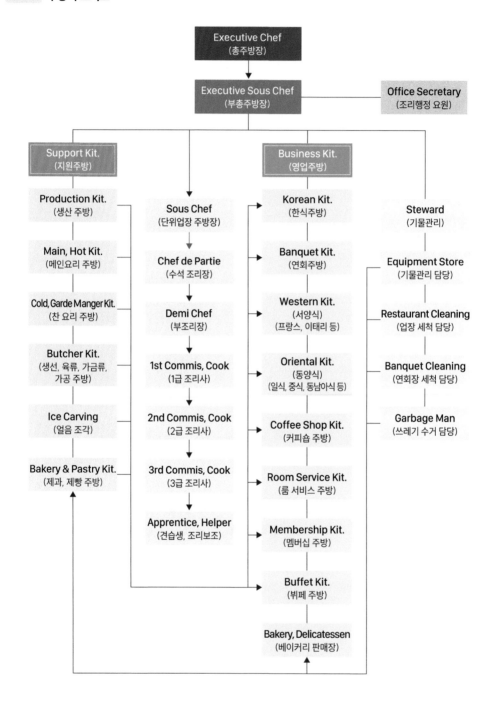

3) 주방의 부서별 업무

- 더운 요리 주방(Hot Food Kitchen) : 각 주방에서 필요로 하는 기본적인 소스와 더운 요리를 생산하여 공급. 프로덕션(Production)이라고도 함
- 찬 요리 주방(Cold Food Kitchen or Garde-manger) : 샐러드(Salad)나 샌드위치(Sandwiches), 쇼피스(Showpiece) 등을 생산
- 제과 · 제빵 주방(Bakery & Pastry Kitchen) : 매일 신선한 빵을 고객에게 공급하기 위하여 24시간 계속해서 운영
- 연회 주방(Banquet Kitchen) : 주로 행사 위주의 업무를 담당
- 육가공 주방(Butcher Kitchen) : 육류, 생선을 손질하여 다른 업장에 지원해 주는 역할을 담당
- 기물세척 주방(Steward) : 각 단위 주방은 물론이고 모든 주방의 기구 및 기물의 세척과 공급 및 품질유지를 담당
- 영업 주방(Restaurant, Short-order Kitchen) : 한식, 중식, 일식, 카페 등의 영업장과 연결되어 곧바로 고객의 요구에 의해 요리가 생산되는 주방
- Main Kitchen, Pastry(bakery), Cold(garde-manger), Butcher, Employee Cafeteria, Room service, Artist, Member's club, Banquet, Coffee shop, Restaurant, Steward 등이 있다.

표 2-2 **부서별 업무**

부 서	업 무
Production	Sauce, Soup, Stock 생산, Stew, Barbecue, Vegetable 준비
Garde Manger (Cold kitchen)	Cold Cut, Sausage, Salad, Cheese 등을 장식,Terrine, Sandwich, Cold Appetizer, Dressing 생산
Bakery & Pastry	Bread, Cake, Pie, Chocolate, Cookie 생산
Butcher	Meat, Fish, Sausage 생산 보급
Art Room	Ice Carving, Vegetable carving, Menu book design
Banquet	Party 담당, Buffet, Set Menu, Cocktail, Outside catering
F.D.R (Fancy Dining Restaurant)	고급식당, French, Chinese, Japanese 값이 비싸고 질 우수
P.P.R (Popular Price Restaurant)	대중식당, Coffee Shop, Italian Restaurant, Snack 식당, 값이 싸고 대중적인 식당
Dish Washer	Glass, China Ware, Silver Ware 세척
Pot Washer	Pot 세척, 주방 바닥, 벽, 기물 청소
Garbage Man	쓰레기나 Box 정리
Steward	기물 및 주방청소 담당

3. 주방의 조직과 직무

1) 주방 조직의 직무분장

표 2-3 **직급별 직무**

직급 / 구분	권한과 지휘계통	직 무
Executive Chef (총주방장, 이사)	F&B Manager, General Manager	각 식당의 메뉴와 특별메뉴 작성, 이용객의 예상인원을 파악하여 국내외 식자재 주문 및 검수, 정기적 시장조사, 전 주방인원을 지휘 감독, 원가관리, 근무스케줄 체크, 신입 및 실습사원 인터뷰와 테스트, 회사 내 주방에 관한 행정사무
Executive Sous Chef (부총주방장, 부장)	Executive Chef, F&B Manager	총주방장을 보좌, 각 주방의 인원과 식재료 체크, 조리사의 교육훈련 계획 작성, 주방인원을 지휘 감독, 주방 내 기물 관리에 대한 주문 및 보수 의뢰
Sous Chef (주방장, 과장)	Executive Sous Chef, Executive Chef	담당 주방의 조리 지휘 및 감독, 조리장의 근무스케줄 체크, 고객 분석, 영업 분석, 메뉴 연구, 각 주방 간의 유대관계 유지, 냉장고 및 조리사의 위생상태 점검
Chef de Partie (조리장, 대리)	Sous Chef, Executive Sous Chef	Sous Chef를 보좌, 자기 주방의 근무스케줄 작성, 부서원의 조리교육, 영업 전의 요리 점검, 주방 내의 운영관리, 원가 관리, 메뉴개발, 위생 및 안전관리
Demi Chef de Partie, Ass't Chef de Partie (부조리장, 계장)	Chef de Partie, Sous Chef	Chef de Partie를 보좌하며, 조리장 부재 시 같은 역할
Commis 1 (주임)	Demi Chef de Partie, Chef de Partie	Demi Chef de Partie를 보좌, 직접 요리를 생산 및 판매, 식자재 발주 및 검수관리, 청결상태 지도, 주방 내의 기초 실무적인 일 수행
Commis 2 (이급 조리사)	Commis 1, Demi Chef de Partie	Commis 1을 보조, 식재료의 불출과 반입체크, 요리의 준비 및 생산
Commis 3 (삼급 조리사)	Commis 2, Commis 1	식재료의 준비, Commis 2 보좌
Cook Helper, Pantry	Commis 2, Commis 3	조리사의 보좌, 야채 다듬기, 씻기, 운반, 칼 갈기, 조리기구 세척

Chapter 3

조리기구

1. 칼

1) 칼의 구조(The Parts of a Knife)

- **칼날(Blade)** : 고탄가 스테인리스 스틸은 카본(Carbon)과 스테인리스 스틸(Stainless steel)의 장점을 결합해서 비교적 최근에 개발되어 사용한다.
- 카본의 비율이 높으면 칼날을 보다 예리하게 할 수 있고, 스테인리스 스틸의 비율이 높으면 칼의 변색과 부식을 방지할 수 있다.
- **칼끝(Tip)** : 칼 끝부분으로 형태에 따라 크게 High Tip, Center Tip, Low Tip 등 3가지로 구분할 수 있다. High Tip은 칼날이 위쪽으로 곡선 처리된 칼로 뼈를 발라내거나 칼을 자유롭게 움직이며 사용할 수 있다. Center Tip은 칼날과 칼등의 끝이 중앙에서 만나는 것으로 서양식 칼로 많이 이용되며 자를 때 힘이 적게 들고 편하다. Low Tip은 칼등이 칼날의 밑으로 향해 곡선 처리된 칼로 부드럽고 똑바로 잘라져 채썰기 등 동양식 요리에 적당하다.
- **탱(Tang)** : 칼날이 이어져 손잡이 속까지 뻗쳐진 부분이다.
- **손잡이(Hand)** : 고기를 손질하는 주방에서는 플라스틱류를 사용하나 장미나무 재질로 사용하는 것이 미끄럽지 않고 단단하여 많이 사용한다. 최근에는 손잡이를 고

기류는 빨간색, 생선류는 회색, 채소는 녹색, 즉석식품은 흰색으로 만들어 사용한다.

- 칼 받침대(Bolster) : 칼과 자루가 만나는 부위에 칼 받침이 있다. 최근 칼은 볼스터가 없는 경우도 있다.

2) 칼의 종류

사진		사진	
이름	French/Chef's Knife(프렌치 칼)	이름	Utility Knife(다용도 칼)
용도	일반적으로 많이 사용하는 칼	용도	다목적 칼로 무게가 적어 여성 요리사들이 즐겨 사용
사진		사진	
이름	Boning Knife(뼈 칼)	이름	Paring Knife(페링 칼)
용도	육류 손질 시 뼈와 살을 분리하기 위한 칼	용도	짧고 작은 칼로서 미세한 절단할 때 사용, 과일 씨 제거, 야채 손질
사진		사진	
이름	Cleaver Knife(도끼 칼)	이름	Carving Knife(카빙 칼)
용도	칼 두께가 두꺼우며 무거움, 닭, 오리, 생선 뼈를 토막 낼 때 사용	용도	햄이나 두꺼운 육류를 얇게 썰기 위한 목적의 칼
사진		사진	
이름	Butcher Knife(부처 칼)	이름	Oyster/Clam Knife(굴 칼)
용도	부처에서 생고기를 자를 때 많이 사용하므로 부처 나이프라고 함	용도	굴이나 조개류의 껍질을 쉽게 열기 위한 칼

사진		**사진**	
이름	Bread Knife(빵 칼)	**이름**	Fish Knife(생선 칼)
용도	빵을 썰기 위한 칼로서 날카롭지만 톱날처럼 물결치는 칼날	**용도**	생선살이 부스러지지 않도록 썰기 위한 칼
사진		**사진**	
이름	Cheese Knife(치즈 칼)	**이름**	Decorating Knife(모양 칼)
용도	치즈를 절단하기 위한 칼	**용동**	칼날이 파도 모양으로 굴곡이 있고, 재료를 썰었을 때 작은 주름이 생기도록 설계된 칼
사진		**사진**	
이름	Grapefruits Knife(자몽 칼)	**이름**	Sharpening Steel(칼갈이 봉)
용도	웨이지 모양을 내서 먹기 편리하게 작업할 수 있는 자몽 전용 칼	**용도**	칼날을 날카롭게 하기 위한 쇠봉
사진		**사진**	
이름	Ball Cutter/Parisian Knife(볼커터)	**이름**	Vegetable Peeler(필러)
용도	감자나 당근, 과일 등을 둥글게 잘라낼 때 사용	**용도**	야채의 껍질을 벗길 때 사용
사진		**사진**	
이름	Zester(제스터)	**이름**	Whetstone(숫돌)
용도	귤, 레몬, 오렌지, 라임 등의 껍질을 벗길 때 사용	**용도**	칼날을 날카롭게 하기 위한 돌의 일종으로 입자의 크기에 따라 크게 3가지로 구분

사진		**사진**	
이름	Ham Slicer(햄 슬라이서)	**이름**	Tomato Knife(토마토 칼)
용도	햄을 얇게 썰 때 사용	**용도**	토마토를 썰 때 사용
사진		**사진**	
이름	Meat/Kitchen Fork(고기 포크)	**이름**	Narrow Slicer(좁은 칼)
용도	뜨겁거나 덩어리고기를 썰 때 사용	**용도**	작고 정교하게 썰 때 사용
사진		**사진**	
이름	Peeling Knife(필링 나이프)	**이름**	Salami Knife(살라미 칼)
용도	야채를 둥글게 곡선으로 깎을 때 사용	**용도**	살라미를 썰 때 사용
사진		**사진**	
이름	Salmon Slicer(연어 칼)	**이름**	Sandwich Knife(샌드위치 칼)
용도	연어를 얇게 썰 때 사용	**용도**	샌드위치를 썰 때 사용
사진		**사진**	
이름	Sausage Knife(소시지 칼)	**이름**	Steak Knife(스테이크 칼)
용도	소시지를 썰 때 사용	**용도**	스테이크를 자를 때 사용

숫돌을 사용할 때는 사용하기 전에 물에 잠길 정도로 담가두어 물기를 충분히 흡수한 다음 칼날 전체가 숫돌 면에 골고루 닿을 수 있도록 하고, 안정된 자세에서 같은 행위를 반복한다. 숫돌 역시 필요 이상으로 많이 사용하면 칼날의 조기 마모를 가져오므로 숫돌 과 쇠칼갈이 봉을 효율적으로 병행 사용하는 것이 좋다.

2. 소도구

1) 소도구의 개요

소도구는 요리를 만들기 위해서 사용하는 중요한 기구이다. 조리를 효율적으로 하는데 그 역할이 크다고 할 수 있다. 소도구는 칼이나 기계로 할 수 없는 부분에 효과적으로 사용되어 조리 시간을 단축할 수 있다. 다양한 소도구들이 개발되어 조리 과정에 도움을 주어 위생적으로 관리되어야 하나 그렇지 못한 경우가 대부분이다. 소도구들의 편리함만을 추구하기 때문이라 할 수 있다. 다양한 소도구의 적절한 활용은 조리과정을 단축시킬 뿐만 아니라 창의적인 요리가 탄생할 수 있다.

2) 소도구의 종류

사진		사진	
이름	Straight Spatula(스파츌라)	**이름**	Garlic Press(갈릭 프레스)
용도	크림을 바르거나 음식을 들어 옮길 때 사용	**용도**	마늘을 으깰 때 사용
사진		사진	
이름	Meat Saw(육류 톱)	**이름**	Grill Spatula(그릴 스파츌라)
용도	뼈나 단단한 고기를 자를 때 사용	**용도**	그릴에서 뒤집거나 옮길 때 사용

사진		**사진**	
이름	Roll Cutter(반죽 칼)	**이름**	Channel Knife(샤넬 나이프)
용도	반죽을 자를 때 사용	**용도**	야채에 홈을 팔 때 사용
사진		**사진**	
이름	Cheese Scraper(치즈 스크레퍼)	**이름**	Butter Scraper(버터 스크레퍼)
용도	치즈를 긁을 때 사용	**용도**	버터를 긁을 때 사용
사진		**사진**	
이름	Whisk/Egg Batter(휘퍼)	**이름**	Meat Tenderizer(고기 망치)
용도	재료에 거품을 내거나 휘저을 때 사용	**용도**	고기를 두드려 연하게 하거나 모양을 잡을 때 사용
사진		**사진**	
이름	Can Opener(캔 오프너)	**이름**	Fish Scaler(비늘 제거기)
용도	캔을 딸 때 사용	**용동**	생선의 비늘 제거 시에 사용

사진		**사진**	
이름	Egg Slicer(달걀 절단기)	**이름**	Chinois(시노와)
용도	달걀을 일정한 간격으로 자를 때 사용	**용도**	스톡, 소스, 수프를 거를 때 사용
사진		**사진**	
이름	China Cap(차이나 캡)	**이름**	Colander(콜랜더)
용도	야채나 수프를 거를 때 사용	**용도**	야채 등의 물기를 거를 때 사용
사진		**사진**	
이름	Skimmer(스키머)	**이름**	Soled/Long Spoon(롱 스푼)
용도	스톡, 수프, 소스의 거품을 제거	**용도**	조리 시에 사용하는 길고 큰 스푼
사진		**사진**	
이름	Slotted Spoon(슬로티드 스푼)	**이름**	Laddle(국자)
용도	건더기와 국물 분리 시에 사용	**용도**	스톡, 수프, 소스 등을 뜰 때 사용

사진		사진	
이름	Sauce Laddle(소스 국자)	이름	Rubber Spatula(고무주걱)
용도	소스를 요리에 뿌릴 때 사용	용도	고무주걱으로 음식을 긁어 모을 때 사용
사진		사진	
이름	Wooden Paddle(나무주걱)	이름	Pepper Mill(페퍼 밀)
용도	나무주걱으로 음식을 저을 때 사용	용도	통후추를 담아 거칠게 으깰 때 사용
사진		사진	
이름	Grill Tong(그릴 집게)	이름	Sheet Pan(쉬트 팬)
용도	그릴에서 뜨거운 음식을 집을 때 사용	용도	음식을 담거나 오븐에 넣어 구울 때 사용
사진		사진	
이름	Box Grater(박스 그래터)	이름	Hotel Pan(호텔 팬)
용도	치즈나 야채를 갈 때 사용	용도	음식을 담아 보관할 때 사용

사진		사진	
이름	Measuring Cup(계량컵)	이름	Measuring Spoon(계량스푼)
용도	음식의 부피를 계량할 때 사용	용도	음식의 부피를 계량할 때 사용
사진		사진	
이름	Thermometer(온도계)	이름	Scale(저울)
용도	음식의 온도를 측정할 때 사용	용도	음식의 무게를 측정할 때 사용
사진		사진	
이름	Sauce Pan(소스 팬)	이름	Saute Pan(소테 팬)
용도	소스를 끓일 때 사용하는 팬	용도	음식을 볶을 때 사용하는 팬
사진		사진	
이름	Soup Pot(수프 포트)	이름	Braising Pan(브레이징 팬)
용도	수프를 끓일 때 사용하는 냄비	용도	질긴 고기를 야채, 소스와 함께 뚜껑을 덮고 끓일 때 사용

3. 조리장비

사진		사진	
이름	Gas Range(가스레인지)	이름	Salamander(살라만더)
용도	가스를 이용하여 조리할 수 있는 열원	용도	불꽃이 위에서 내려오는 열기기로 Gratin 요리에 많이 사용
사진		사진	
이름	Griddle(그리들)	이름	Grill(그릴)
용도	철판으로 육류, 가금류, 생선, 계란요리 시에 사용	용도	무쇠로 만들어진 석쇠로 육류, 생선ㆍ가금류 등을 직접 구울 때 사용
사진		사진	
이름	Broiler(브로일러)	이름	Convection Oven(컨벡션 오븐)
용도	열원이 위에 있고 육류, 생선ㆍ가금류 등을 직접 구울 때 사용	용도	전기를 이용해 뜨거운 바람의 대류작용을 이용하여 조리함

사진		**사진**	
이름	Rice Cooker(밥솥)	**이름**	Combi Steamer(콤비 스티머)
용도	가스를 이용하여 자동으로 밥을 짓는 기계	**용도**	증기와 오븐을 동시에 사용하며 여러 가지 매뉴얼 기능을 보유
사진		**사진**	
이름	Steam Kettle(스팀 케틀)	**이름**	Saw Machine(톱 절단기)
용도	증기를 이용하여 많은 양의 음식을 볶거나 끓이거나 삶을 수 있음	**용도**	언 고기나 뼈를 전기의 톱을 이용하여 절단
사진		**사진**	
이름	Vegetable Cutter(야채 절단기)	**이름**	Slicer(슬라이서)
용도	야채를 다양한 모양으로 자를 수 있음	**용동**	육류, 생선, 야채 등을 일정한 크기로 얇게 썰 수 있음

사진		사진	
이름	Meat Mincer(민찌기)	이름	Food Chopper(푸드 찹퍼)
용도	고기를 거칠게 갈 때 사용	용도	재료를 곱게 다질 때 사용
사진		사진	
이름	Flour Mixer(밀가루 반죽기)	이름	Pastry Roller(패스트리 롤러)
용도	밀가루를 섞어 반죽하거나 드레싱을 만들 때 사용	용도	반죽을 일정한 크기로 얇게 밀 때 사용
사진		사진	
이름	Waffle Machine(와플 머신)	이름	Toaster(토스터)
용도	와플을 만들 때 사용	용도	빵을 토스트할 때 사용

사진		사진	
이름	Deep Fryer(튀김기)	이름	Food Warmer(푸드 워머)
용도	튀길 때 사용	용도	음식을 보온할 때 사용
사진		사진	
이름	Tilting Skillet(틸팅 스킬렛)	이름	Dish Washer(디시워셔)
용도	두꺼운 철판으로 볶음, 튀김, 삶기가 가능함	용도	접시를 자동으로 세척해 줌
사진		사진	
이름	Refrigerator & Freezer(냉장 · 냉동고)	이름	Topping Cold Table(토핑 콜드 테이블)
용도	음식의 보관용도로 냉장, 냉동으로 사용	용도	테이블 위에 재료를 담을 수 있게 만듦. 피자, 샐러드 등의 재료 사용

Chapter 4

향신료

1. 향신료의 개요

향신료는 육류나 생선의 나쁜 냄새를 억제해 주며 식재료에 상큼하고 신선한 향기를 부여하며 음식에 맵고, 달고, 시고, 쌉쌀한 맛을 보충해 준다. 또한 방부작용과 산화 방지 등 식품의 보존성을 높여주고 식욕을 자극하여 소화 및 흡수를 돕고 노화방지를 위한 신진대사에 기여하며 음식의 맛을 살리는 서양요리의 필수적인 재료로 음식에 향을 더하는 것이며 자극적인 맛, 보존과 저장성 등의 효과를 증가시키는 역할을 한다.

허브와 스파이스의 사용범위로는 Seasoning(간을 하는 것), Flavoring(맛을 내는 것), Aromatic(향을 내는 것), Condiment(양념을 하는 것)라 할 수 있다.

향신료는 서양음식의 맛을 내는 마술사로 스파이스와 허브로 통칭되는데 향신료는 우리가 먹는 서양음식이나 빵, 과자류에는 이러한 서양 향신료들이 사용되고 있다.

허브는 라틴어로 "푸른 풀"을 의미하는 Herba에서 비롯되었으며 옥스퍼드 사전에는 "줄기, 잎이 식용 또는 약용으로 쓰이거나 향기나 향미가 이용되는 식물"이라 정의하고 있으며 약초, 향초, 약미초, 향신료로 구분된다.

스파이스는 라틴어의 특별한 종류 "Species"에서 비롯되었으며 여러 가지 방향성 식물에서 얻어지는 것으로 조리할 때 음식의 맛을 내거나 소스나 드레싱에 향미를 첨가하여 부향제로 쓰이는 식물성 또는 이것을 혼합한 조미료라 할 수 있다.

허브와 스파이스의 차이점은 허브(Herb)는 방향성 식물의 조미료 즉 식물의 잎, 꽃잎, 꽃봉오리 등 비교적 부드러운 부분을 신선한 상태로 사용하거나 말린 형태로 사용하는 것에 비해 스파이스(Spice)는 건조하여 사용하는 향신료 즉 열매줄기, 뿌리, 딱딱한 부분을 건조하여 그대로 사용하거나 분말을 내어 사용하는 것이다.

스파이스는 보통 열대의 방향 짙은 식물의 뿌리나 줄기·꽃봉오리·씨·과실 등을 건조시켜 가루로 만들거나 자른 것 또는 맵고 시고 단맛과 향은 각 식물에 포함된 휘발성 방향성분 때문으로 이것이 각 식품이 가진 맛·향과 어우러져 독특한 맛을 낸다. 향신료에는 계피, 후추, 생강, 고추, 바닐라, 겨자, 양귀비씨, 딜, 아니스, 넛맥, 사프란, 로즈마리, 세이지, 클로브, 오레가노, 로리에, 스타아니스, 올 스파이스, 카레가루, 바질, 박하(민트) 등이 있다.

2. 향신료의 유래와 역사

기원전부터 서양에선 인도·스리랑카 등 대부분 열대의 동양 또는 서인도제도·중앙아메리카 등에서 생산되는 이들 향신료를 서랍 속에 넣어두고 열쇠로 잠가두었다가 조금씩 사용한 참으로 높은 상품가치를 지닌 특별한 물건이었다. 17세기 이미 유럽의 상류층 파티용 생선과 육류 음식에 후추·클로브·넛맥·진저(생강)를 넣는 것이 상식이었다.

향신료는 세계사적으로 볼 때 우리가 알고 있는 것 이상의 중요성을 갖고 있다. 콜럼버스의 아메리카 대륙의 발견, 바스코 다 가마가 아프리카 남단의 희망봉을 돌아 인도항로를 개척한 일, 마젤란의 세계일주 등 모든 지리상 발견의 목적 중 하나는 향신료의 발견이었다고 한다. 그리고 이것을 계기로 유럽인들의 세계 식민지화가 시작되었다. 유럽인들이 향신료를 본격적으로 사용하기 시작한 것은 로마가 이집트를 정복한 후부터이며 그 당시 귀중하게 생각되었던 향신료는 인도산의 후추와 계피였다. 무역풍을 타고 인도양을 건너 홍해로 북상하여 이집트에 달하는 항로가 개발되었기 때문이다.

그 후 이슬람교도가 강력하게 팽창한 후부터는 유럽이 원하는 향신료는 모두 아랍 상인의 손을 경유하지 않으면 입수할 수 없게 되었다.

그때부터 정향(clove)과 육두구(nutmeg)의 두 종류가 중요한 향신료로 등장하게 되었고 이 두 종류가 모두 몰리카제도의 특산물이었기 때문에 위험을 무릅쓰고 멀리서부터 운반해 오지 않으면 안 되었다. 후추는 은과 같은 가격으로 화폐로 통용될 정도였다고 한다. 비싼 향신료를 구입한 이유는 다음과 같다.

첫째로, 그 당시 유럽의 음식맛이 없었기 때문이었다. 교통이 불편하고 냉장시설이 없었던 시대였기 때문에 향신료라도 사용하여 맛을 내지 않으면 먹기 어려웠다.

둘째로, 약품으로써 상용되었다. 그 당시는 서양의학도 발달되지 못했기 때문에 모든 병이 악풍에 의하여 발달한다고 믿고 있었다. 악풍이란 악취, 즉 썩은 냄새로서 이 냄새를 없애려면 향신료를 사용해야 한다고 믿고 있었다. 예를 들면, 런던에 콜레라가 유행했을 때 환자가 발생한 집에 후추를 태워서 소독했다고 전해지고 있다. 사실 향신료류에는 어느 정도 약효와 소독효과도 있어 현재까지 한방용으로 사용되는 것도 있다.

셋째로, 향신료가 미약으로도 사용되었다. 향신료의 성분과 호르몬의 상관관계는 아직 분명하지 않으나 약효가 있다고 믿으면 큰 효력을 발휘할 때도 있기 때문이다.

3. 향신료의 분류와 종류

1) 향신료의 분류

(1) 사용 용도에 따른 분류

- 향초계(Herb): 생잎을 그대로 사용하여 육류의 잡냄새를 제거하거나 음식의 외관상 신선하고 장식적인 요소를 사용(로즈마리, 바질, 세이지, 파슬리, 타임)
- 종자계(Seed): 과실이나 씨앗을 건조시켜 사용하며 육류나 스튜, 제과류에 사용(캐러웨이씨드, 셀러리씨드, 큐민씨드)
- 향신계(Spice): 특유의 강한 맛과 매운맛을 이용하는 것(후추, 넛맥, 마늘, 겨자, 양겨자, 산초)
- 착색계(Coloring): 음식의 색을 내주는 향신료의 종류로 특유의 향은 있지만 맛과

향은 강하지 않음(파프리카, 사프란, 터메릭)

(2) 사용 부위에 따른 분류

- 잎(Leaves) : 향신료의 잎을 사용하는 것으로 바질, 세이지, 처빌, 타임, 코리앤더, 민트, 오레가노, 마조람, 파슬리, 스테비아, 타라곤, 세몬 밤, 로즈마리, 라벤더, 월계수잎, 딜 등
- 씨앗(Seed) : 씨앗을 건조시켜서 사용하는 것으로 넛맥, 캐러웨이씨, 큐민, 코리앤더씨, 머스터드씨, 딜씨, 휀넬씨, 아니스씨, 흰 후추, 양귀비씨, 메이스 등
- 열매(Fruit) : 과실을 말려서 사용하는 것으로 검은 후추, 파프리카, 카다멈, 주니퍼베리, 카이엔 페퍼, 올 스파이스, 스타아니스, 바닐라 등
- 꽃(Flower) : 꽃을 사용하는 것으로 사프란, 정향, 케이퍼 등
- 줄기와 껍질(Stalk and Skin) : 줄기 또는 껍질을 신선한 상태나 말려서 사용하는 것으로 레몬그라스, 차이브, 계피 등
- 뿌리(Root) : 뿌리를 사용하는 것으로 터메릭, 와사비, 생강, 마늘, 호스래디쉬 등

2) 향신료의 종류

	Bay Leaf (월계수잎)	• **원산지**: 남유럽, 이탈리아, 그리스, 지중해 국가 • **특성**: 월계수나무의 두툼하고 향기 있는 잎사귀, 많이 사용하면 요리가 쓴맛이 남 • **용도**: 수프, 로스트, 스튜, 고기국물, 고기, 생선, 피클링
	Basil (바질)	• **원산지**: 열대아시아, 인도, 이란 • **특성**: 민트과에 속하는 1년생 식물로 다른 식품에 잘 혼합되기 때문에 가장 맛있고 인기 있는 향신료. 방향성 향기가 나며, 온화하고 달콤하며 약간 톡 쏘는 듯한 맛 • **용도**: 이탈리아 요리, 토마토 요리, 고기, 생선, 샐러드, 소스
	Clove (클로브)	• **원산지**: 동인도제도와 아프리카 근해의 섬 • **특성**: 정향나무의 봉오리, 건조시켰을 때에는 짙은 갈색, 살균작용, 치과의 마취제 역할 • **용도**: 구운 돼지고기, 소금에 절인 돼지고기, 구운 햄, 수프, 사과 소스, 과일케이크, 호박파이, 케이크의 요리
	Garlic (마늘)	• **원산지**: 서아시아 • **특성**: 비늘줄기가 있는 다년생 식물, 대장기능과 혈액순환을 원활히 하고 식욕을 돋워주고 비타민의 흡수를 도와 피로회복 • **용도**: 소스, 수프, 샐러드, 피클, 고기요리, 샐러드 드레싱
	Ginger (생강)	• **원산지**: 동인도의 힌두스탄 지역, 중국, 인도, 자메이카 • **특성**: 다년생초, 생강은 냄새가 강하고 얼얼함과 향긋한 맛, 오한, 발열, 두통, 구토, 해수, 가래를 치료하며 식중독으로 인한 복통설사 치료 • **용도**: 케이크, 쿠키, 파이, 푸딩, 고기요리
	Mint (민트)	• **원산지**: 지중해지역 • **특성**: 서늘하고 상쾌한 맛, 매운맛을 내는 페퍼민트, 향을 내는 애플민트, 캣민트, 스피어민트 • **용도**: 어린 양고기요리, 야채, 과일 샐러드, 아이스차, 과일음료

	Mustard Seed (겨자씨)	• **원산지:** 캐나다, 덴마크, 영국, 네덜란드, 미국 • **특성:** 하얀색이나 노란색 씨는 부드러운 맛을 가지고 있으며 짙은 갈색 씨는 얼얼한 맛 • **용도:** 피클, 양배추, 비트, 김치, 소스, 샐러드, 드레싱, 햄, 소시지, 치즈
	Nutmeg (육두구)	• **원산지:** 인도네시아 몰루카제도, 서인도제도 • **특성:** 육두구 열매의 심, 상록수의 일종이며 바다 근처의 열대기후에서 가장 잘 자람. 달콤하고 강력하며 향기로운 맛, 말려서 방향성 건위제, 강장제로 사용 • **용도:** 크림수프, 도넛, 푸딩, 구운 식물, 감자요리, 커스터드, 꽃양배추, 소스, 스튜
	Parsley (파슬리)	• **원산지:** 유럽 남동부와 아프리카 북부 • **특성:** 정원식물이며 곁들임이나 다른 식품의 맛을 돋우는 데 사용, 비타민 A와 C, 칼슘과 철분 함유, 혈액순환을 원활하게 하고 위장에도 좋음 • **용도:** 수프, 샐러드, 스터핑, 스튜, 소스, 감자요리
	Paprika (파프리카)	• **원산지:** 열대아메리카 • **특성:** 스페인 파프리카는 약간 맛이 부드럽고 은색이며 헝가리 파프리카는 더 짙은 색이고 맛도 더 얼얼함. 감기예방과 항산화 작용, 비타민 C와 E 함유 • **용도:** 헝가리 굴라쉬, 닭고기, 소스, 드레싱, 송아지고기
	Saffron (사프란)	• **원산지:** 서남아시아, 지중해, 카슈미르 • **특성:** 붓꽃과에 속하는 식물, 사프란 식물의 붉은색의 주두, 꽃에는 단지 3개의 주두만이 있으며 손으로 채취 • **용도:** 스칸디나비아와 스페인 요리, 아랍, 인도, 터키, 모로코요리
	Sage (세이지)	• **원산지:** 남유럽 • **특성:** 약용 살비야라고도 함. 박하향을 함유한 다년생의 키작은 관목. 방부, 항균, 항염, 살균 소독작용, 소염제 종류로는 Clary, Tricolor, Golden Variegated, Pineapple, Purple Sage 등이 있다. • **용도:** 육류요리, 내장요리, 햄요리, 가금류요리, 소스

	Thyme (타임)	• **원산지:** 남유럽, 북아프리카 • **특성:** 백리향은 박하과의 작은 관목, 쌍떡잎식물 여러해살이 풀, 호흡기 질환에 항균작용 · 거담작용을 하며, 두통 · 우울증 등 신경성 질환이나 빈혈 · 피로회복에 좋음 • **용도:** 양고기와 돼지고기, 소스, 케첩, 피클, 육가공품
	Coriander (고수)	• **원산지:** 지중해연안 • **특성:** 한해살이풀, 잘 익은 씨는 상큼한 레몬과 비슷한 방향 성 향기가 남. 설사를 동반한 하복부 통증 완화, 치질 증상, 관 절 통증 완화 • **용도:** 생선요리, 빵, 케이크, 소시지, 카레, 육류요리
	Oregano (오레가노)	• **원산지:** 유럽, 서남아시아 • **특성:** 꿀풀과의 여러해살이풀, 꽃박하라고도 하며, 톡 쏘는 박 하 같은 향기, 강장 · 이뇨 · 건위 · 식욕증진 · 진정 · 살균 작 용, 신경성 두통, 불면증에도 효과 • **용도:** 가금류나 육류의 로스트, 멕시코 요리와 스파게티 · 오 믈렛 · 비프스튜 · 양고기요리
	Marjoram (마조람)	• **원산지:** 인도, 아라비아, 이집트 • **특성:** 흰색과 핑크색의 꽃을 피움. 배멀미와 신경통에 좋으며, 특히 불면과 소화불량에 효과. 안정, 진정 효과가 뛰어나며 진 통제, 혈압강하제, 동맥혈관 확장제 • **용도:** 감자수프, 거위요리, 오리간, 달팽이소스, 토끼요리, 햄
	Stevia (스테비아)	• **원산지:** 파라과이, 아르헨티나, 브라질 등의 국경 산간지 • **특성:** 잎은 설탕처럼 단맛이 있어 감미료로 이용하고 아이스 크림, 껌, 청량음료, 약품 등의 감미료로 쓰이며 다이어트 식 품의 감미료로도 이용 • **용도:** 차, 음료, 감미료
	Tarragon (타라곤)	• **원산지:** 시베리아 • **특성:** 쑥의 일종, 쌍떡잎식물 초롱꽃목 국화과의 여러해살이 풀. 프랑스어로는 에스트라곤, 잎은 아니스(Anise) 같은 향이 남. 잎을 그늘에서 말려 단단히 닫아두었다가 필요한 때 사용. 포기나누기로 번식 • **용도:** 달팽이 요리, 소스, 샐러드, 수프, 비네거, 버터, 피클, 오일

	Lemon Balm (레몬밤)	• **원산지:** 지중해연안 • **특성:** 쌍떡잎식물 통화식물목 꿀풀과의 여러해살이풀. 천연 두에도 효능이 있고 치통 완화, 독버섯 해독, 복통, 위궤양, 생리통 억제, 생리 촉진, 설사를 완화시키며 바이러스, 기분을 상쾌하게 함 • **용도:** 샐러드, 수프, 소스, 오믈렛, 육류, 생선요리
	Rosemary (로즈마리)	• **원산지:** 남유럽, 지중해연안 • **특성:** 다년생식물, 쌍떡잎식물 통화식물목 꿀풀과의 상록관목. 향이 뇌의 기능과 기억력을 높임. 뽑아낸 기름은 화장품이나 비누의 방향제로 쓰이고, 잎과 꽃은 향주머니와 향단지로 이용 • **용도:** 양고기, 돼지고기, 스튜, 소시지, 비스킷, 잼, 가금류
	Lavender (라벤더)	• **원산지:** 남유럽, 지중해연안 • **특성:** 쌍떡잎식물 통화식물목 꿀풀과 라반둘라속에 속하는 식물. 향유는 향수와 화장품의 원료로 사용하고 요리의 향료로 사용할 뿐만 아니라 두통이나 신경안정을 치료 • **용도:** 식초, 간질병, 현기증 치료제, 목욕제
	Dill (딜)	• **원산지:** 지중해연안, 인도, 북아프리카 • **특성:** 쌍떡잎식물 산형화목 미나리과의 한해살이풀. 씨는 소화, 구풍, 진정, 최면 효과, 구취 제거와 동맥경화증 예방. 잎은 비린내 제거 효과 • **용도:** 생선절임, 드레싱, 생선요리
	Caraway Seed (캐러웨이씨)	• **원산지:** 유럽과 서아시아 • **특성:** 쌍떡잎식물 산형화목 미나리과의 한두해살이풀. 추출한 기름은 알코올 음료의 맛을 내거나 방향성 자극제와 구풍제 (驅風劑)와 같은 약품을 만드는 데 사용 • **용도:** 케이크, 빵, 과자, 채소(야채)요리, 수프, 샐러드, 치즈
	Cumin Seed (큐민씨)	• **원산지:** 이집트 • **특성:** 미나리과에 속하는 식물인 큐민의 씨를 이용해 만드는 향신료. 향이 강하며 톡 쏘는 쓴맛이 남. 소화불량과 식욕증진에 효과 • **용도:** 그리스, 터키, 아랍 요리, 모로코의 케밥, 쿠스쿠스, 카레요리, 탄두리 치킨

	Coriander Seed (코리앤더씨)	• **원산지:** 지중해연안 • **특성:** 한해살이풀, 잘 익은 씨는 상큼한 레몬과 비슷한 방향성 향기가 남. 설사를 동반한 하복부 통증의 완화, 치질 증상, 관절 통증의 완화 • **용도:** 생선, 육류, 수프, 빵, 케이크, 커리, 절임
	Celery Seed (셀러리씨)	• **원산지:** 이집트 • **특성:** 셀러리 열매. 향료, 위장 및 중추신경계 활력에 도움을 주는 미나리과 식물 셀러리의 종자. 소화촉진과 이뇨작용에 도움 • **용도:** 수프, 스튜, 치즈, 피클
	Dill Seed (딜씨)	• **원산지:** 지중해, 남러시아 • **특성:** 미나리과의 한해살이풀인 딜의 씨, 씨를 베개에 넣으면 숙면을 취할 수 있음. 마귀를 쫓는 일이나 생약으로 사용 • **용도:** 육류요리, 생선요리, 수프, 피클, 샐러드, 드레싱, 푸딩, 제과, 제빵
	Fennel Seed (휀넬씨)	• **원산지:** 지중해연안 • **특성:** 다년초, 생선의 비린내, 육류의 느끼함과 누린내 제거. 이뇨작용, 체중감량, 비만방지, 요로결석에 효과적, 해독효과, 소화촉진, 감기 • **용도:** 약용, 차, 화장품 부향제, 소스, 빵, 카레, 피클, 육류, 생선요리
	Anise Seed (아니스씨)	• **원산지:** 이집트, 지중해연안 • **특성:** 미나리과에 속하는 아니스의 종자를 건조한 것, 위액의 분비를 촉진하여 소화를 돕고 식욕 증진 • **용도:** 빵, 케이크, 비스킷, 생선, 닭고기 요리, 크림수프, 스튜, 치즈, 소시지
	White Pepper (흰 후추)	• **원산지:** 보르네오, 자바, 수마트라 • **특성:** 열매는 익으면서 붉게 변하는데, 익은 열매를 따서 껍질을 벗겨낸 후 말린 것이 흰색을 띰. 매운맛을 내는 피페린 성분이 겉껍질에 많기 때문에 껍질째 말린 검은 후추보다는 매운맛이 덜함 • **용도:** 흰색 소스, 생선요리

	Poppy Seed (양귀비씨)	• **원산지:** 극동아시아, 네덜란드 • **특성:** 말려서 음식이나 음식의 조미료, 양귀비씨 기름의 원료. 씨는 작고 길이가 약 1mm이며, 콩팥 모양이고 회청색에서 짙은 푸른색을 띰. 나무열매와 같은 은은한 향기와 부드러운 맛 • **용도:** 빵, 케이크, 쿠키, 패스트리
	Mace (메이스)	• **원산지:** 몰루카제도의 반다섬, 말레반도 • **특성:** 육두구나무의 씨 껍질을 이용한 향신료. 씨를 둘러싸고 있는 그물모양의 빨간 씨 껍질부분을 말린 것. 넛맥과 비슷한 향과 맛이 나는데, 메이스가 자극성이나 단맛, 쓴맛이 덜하고 더 부드럽고 고급스러운 향 • **용도:** 육가공품, 케이크, 빵, 푸딩, 계란요리, 소시지, 햄버거
	Black Pepper (검은 후추)	• **원산지:** 인도 남부 • **특성:** 쌍떡잎식물 후추목 후추과의 상록덩굴식물. 성숙하기 전의 열매를 건조시킨 것이 후추 또는 검은 후추이고 겉에 주름이 지며 흑색, 구풍제, 매운맛, 건위제로 사용 • **용도:** 식육가공, 생선, 육류
	Cardamom (카다멈)	• **원산지:** 인도, 스리랑카, 과테말라 • **특성:** 생강과에 속하는 식물의 종자, 열대지방에서 재배, 흰색, 녹색 두 가지, 씨는 독하고 약간 자극적이며 장뇌와 비슷한 매우 향기로운 냄새 • **용도:** 인도, 아랍 요리, 카레, 스칸디나비아 요리
	Juniper Berry (주니퍼베리)	• **원산지:** 시베리아, 스칸디나비아 • **특성:** 측백나무과에 속하는 상록침엽교목, 노간주나무. 녹갈색 꽃이 피고 달걀 모양의 동그란 열매가 가을에 익음 • **용도:** 육류요리의 절임, 피클, 알코올 음료의 향 및 사슴, 양, 가금류의 로스트, 스튜
	Cayenne Pepper (카이엔페퍼)	• **원산지:** 미국, 북아메리카 • **특성:** 생칠리를 건조시킨 후 빻아서 가루로 만든 향신료. 칠리는 북아메리카에 널리 자생하는 허브의 일종. 식욕자극, 위장의 통증 제거, 생리통 완화 • **용도:** 육류, 생선, 가금류, 소스
	All Spice (올 스파이스)	• **원산지:** 자메이카 • **특성:** 덜 익은 열매를 수확하여 햇볕에서 붉은 갈색이 될 때까지 건조. 건조한 열매에서 후추, 시나몬, 넛맥, 정향을 섞어 놓은 것 같은 향이 나기 때문에 올 스파이스라 함 • **용도:** 소시지, 생선, 피클, 소스, 디저트, 육류요리, 청어절임

	Star Anise (스타 아니스)	• **원산지:** 중국 • **특성:** 팔각은 목련과 상록수의 열매. 단단한 껍질로 싸인 꼬투리 여덟 개가 마치 별처럼 붙어 있는 모양에서 유래. 복통, 헛배, 구토, 설사, 소화기의 만성 염증, 위통에 효과, 항균작용 • **용도:** 중국요리, 돼지고기, 오리고기, 소스
	Vanilla (바닐라)	• **원산지:** 열대아메리카 • **특성:** 외떡잎식물 난초목 난초과의 덩굴식물, 아메리카의 원주민들이 초콜릿의 향료로 사용하는 것을 본 콜럼버스가 유럽에 전함. 현재는 향료를 채취하기 위하여 재배. 성숙한 열매를 따서 발효시키면 바닐린(Vanillin)이라는 독특한 향기가 나는 무색 결정체가 나옴 • **용도:** 초콜릿, 아이스크림, 캔디, 푸딩, 케이크, 음료의 향료
	Caper (케이퍼)	• **원산지:** 지중해연안 • **특성:** 케이퍼의 꽃봉오리를 이용하여 만든 향신료. 소화촉진 및 식욕증진 작용이 있고, 위장의 염증이나 설사, 마르면 맛이 변하기 때문에 반드시 잠길 정도로 식초를 부은 후 유리용기에 밀폐하여 어두운 곳에 보관 • **용도:** 스튜, 타르타르소스, 스테이크, 샐러드, 드레싱, 청어절임
	Lemon Grass (레몬 그라스)	• **원산지:** 인도, 말레이시아 • **특성:** 외떡잎식물 벼목 화본과의 여러해살이풀. 식물체에서 레몬 향기가 나기 때문에 레몬그라스라고 함. 잎과 뿌리를 증류하여 얻은 레몬그라스유(油)에는 시트랄이 들어 있어 비누와 약품의 향료로 사용 • **용도:** 수프, 생선, 가금류, 차, 캔디
	Chive (차이브)	• **원산지:** 시베리아, 유럽 • **특성:** 백합목 백합과의 여러해살이풀. 생김새는 작은 파와 같음. 잎도 매우 가늚. 톡 쏘는 향긋한 냄새가 식욕을 증진시키는 효과. 혈압강하, 빈혈예방, 변비해소 • **용도:** 고기요리, 생선요리, 조개, 수프
	Cinnamon (계피)	• **원산지:** 중국 남부 • **특성:** 우리나라에서는 녹나무과의 육계. 여름부터 가을 사이에 나무껍질을 채취. 계피는 혈액순환을 촉진, 흉복부의 냉증 제거, 식욕 증진, 소화 촉진, 사지마비, 위장의 경련성 통증 억제, 위장관의 운동 촉진 • **용도:** 패스트리, 빵, 푸딩, 캔디, 과일조림, 피클, 수프

	Turmeric (터메릭)	• **원산지:** 열대아시아 • **특성:** 외떡잎식물 생강목 생강과의 한해살이풀, 울금의 덩이 뿌리를 약용한 것으로 맛은 맵고 쓰며, 성질은 서늘하다. 급성 황달, 담석증, 만성 담낭염, 담관염의 치료 • **용도:** 커리, 쌀요리
	Wasabi (와사비)	• **원산지:** 일본 • **특성:** 쌍떡잎식물 양귀비목 겨자과의 여러해살이풀, 류머티 즘 · 신경통, 방부제 · 살균제로 사용 • **용도:** 생선 요리, 소스, 일본요리
	Horseradish (호스래디쉬)	• **원산지:** 유럽 동남부 • **특성:** 양귀비목(Papaverales) 십자화과(Cruciferae)의 여러 해살이풀. 양고추냉이, 서양고추냉이, 고추냉이무, 와사비무 라고 함. 방부제, 발한제, 이뇨제, 흥분제, 건위제, 구충제, 소 화제, 식욕촉진제 • **용도:** 소스, 생선, 쇠고기
	Chervil (처빌)	• **원산지:** 유럽, 서아시아 • **특성:** 산형화목 미나리과의 한해살이풀. 상처나 염증에도 치 료 효과. 벌레 물린 곳, 거친 피부를 부드럽게 하고자 할 때 사 용. 탈모나 주름살 방지에도 효과 • **용도:** 생선이나 수프의 가니쉬, 소스
	Watercress (물냉이)	• **원산지:** 유럽과 아시아 북부 • **특성:** 쌍떡잎식물 양귀비목 겨자과의 여러해살이풀. 매운 무 와 같이 톡 쏘는 맛, 어린 식물체를 생으로 먹음. 물에서 자 라는 냉이 • **용도:** 샐러드, 소스, 드레싱

Chapter 5

조리용어

1. 조리용어

- A la bouquetiere : 다양한 종류의 계절 야채들을 차려내는 것. 일반적으로 구운 고기나 생선을 다채로운 야채들로 둘러싼 것

- A la bourgeoise : 상당히 커다랗게 자른 갖가지의 야채를 곁들인 일반적인 가족형 고기요리(예: 쇠고기 스튜)

- A la broche : 꼬치에서 요리한 것

- A la king : 버섯, 녹색 고추 그리고 피망과 함께 흰색 소스에 차려낸 요리. 대개 셰리로 맛을 돋움

- A la maison : 그 집의 방법으로

- A la mode : 파이나 케이크 위에 차려낸 아이스크림, 혹은 특수한 방식의 요리

- A la newburg : 생선요리에 많이 사용하는데 베샤멜 또는 크림 소스로 맛을 내며 셰리와인으로 맛을 돋움

- A la reine : 얼얼한 맛. 이 표현은 가늘게 쪼갠 닭고기나 칠면조 고기를 사용한 수프와 관련이 있음

- A la provencale : 마늘과 토마토, 양파를 기름에 볶아서 사용하며, 데미글라스에 토

마토 소스를 약간 섞고 다진 파슬리를 첨가함

- A la russe : 요리에 캐비아를 사용함

- Al dente : 야채, 파스타 등을 약간 딱딱하게 삶는 것. 질기다는 의미의 이태리 표현

- Ambrosia : 쪼갠 코코넛을 곁들인 갖가지 과일들

- Anisette : 아니스 열대로 맛을 돋운 리큐르

- Au ou aux : 어떤 형식의, 어떤 재료로 한

- Au gratin : 소스로 덮고 치즈나 빵가루를 뿌린 다음 황갈색으로 구운 요리

- Au jus : 고기를 구울 때 흘러나오는 고기즙

- Au lait : 우유로

- Au naturel : 단순한 방법으로 요리하는 것 (조미하지 않은 상태)

- Aux croutons : 굽거나 튀긴 작은 빵조각, 일반적으로 수프와 샐러드의 곁들임으로 사용됨

- Aux cresson : 잎이 매운 샐러드용. 냉이를 이용한

- Baked alaska : 아이스크림을 케이크 위에 올리고 머랭으로 완전히 덮은 다음 뜨거운 오븐에서 연한 갈색으로 구운 요리

- Bar le duc : 붉은색 건포도로 만든 유명한 잼. 프랑스에서 수입

- Baste : 건조를 방지하기 위하여, 굽는 동안 기름을 고기 위에 바르는 것

- Bechamel : 일반적으로 우유와 크림으로 만든 흰색 소스

- Beef a la stroganoff : 쇠고기의 연한 허릿살을 5~6m 길이로 가늘게 썬 다음 saute하여 갈색 소스로 조리한 요리

- Beurre : 〈불어〉 버터

- Beurre noir : 구운 버터(맑게 한 버터를 끓여서 착색함)

- Bigarade : 오렌지 껍질과 주스를 첨가한 달콤 시큼한 갈색 소스. 대개 구운 오리고기와 함께 차려냄

- Blanquette : 흰색 소스에 넣은 닭고기, 송아지고기 혹은 새끼 양고기 스튜

- Blinis : 대개 철갑상어 알과 함께 차려내는 러시아 팬케이크

- Bombe : 두 가지 이상의 아이스크림을 한 주형에 넣어 만든 디저트

- Bonne femme : 이 용어는 가정에서 만든 간단한 요리에 사용됨

- Bordelaise : 붉은색 포도주를 첨가한 갈색 소스. 대개 쇠고기 앙뜨레와 함께 차려냄

- Borsch : 러시아의 쇠고기 수프, 쇠고기 스톡, 비트, 토마토, 산성크림 그리고 양념으로 만듦

- Bouchee : Puff Pastry로 만들어 크림, 고기나 생선으로 채운 작은 형태의 요리

- Bourguignonne : 버건디 포도주를 넣은 것

- Breading : 밀가루, 계란, 그리고 빵가루에 순서대로 통과시켜 빵가루를 씌우기

- Brioche : 가벼운 스위트 반죽으로 만든 롤. 원형은 프랑스 곡예사 이름

- Brochette : 꼬치에 꽂아서 조리한 요리

- Broth : 고기, 생선, 양계 혹운 야채를 넣고 삶은 고깃국물

- Brunswick stew : 토끼고기, 다람쥐고기, 송아지고기나 닭고기, 소금에 절인 돼지고기 그리고 갖가지 야채들(옥수수, 양파, 감자, 콩)로 이루어진 스튜

- Canadian bacon : 다듬고 압축시켜 훈제한 돼지고기 허릿살. 요리하거나 요리하지 않은 상태로 구입할 수 있음

- Caramelize : 요리의 첨가물과 색소로 사용하기 위하여 굵은 설탕을 황갈색으로 녹이는 것

- Casserole : 음식을 조리하는 데 사용되는 자루가 달린 냄비

- Charlotte : 레이디 핑거를 깐 주형에 과일과 휘핑한 크림 혹은 커스터드를 채운 것

- Charlotte russe : 레이디 핑거를 깐 주형에 바바리안 크림을 채운 것

- Chateaubriand : 대략 1lb의 무게를 가진 두꺼운 쇠고기의 안심 스테이크

- Chaud-froid : 젤리 상태의 흰색 소스. 전시용의 특정 요리를 장식하는 데 사용함

- Cherries-jubiles : 체리를 버터로 볶다가 Flambe한 다음 이것을 아이스크림 위에 부어 차려냄

- Chicory : 꽃상추과의 샐러드용 식물

- Chiffonade : 수프나 샐러드 드레싱으로 사용하기 위하여 상당히 잘게 쪼갠 야채들

- Chives : 길고 가느다란 녹색의 작은 양파모양의 싹. 부드러운 맛을 가지고 있어 주로 수프와 샐러드에 사용됨

- Chop : 나이프나 다른 종류의 날카로운 도구에 사용하여 잘게 써는 것

- Clarify : 콘소메에서 불순물을 제거하여 맑고 투명하게 만드는 것

- Compote : 갖가지의 스튜 형태로 조리한 과일 혼합물이나 시럽으로 조리한 과일

- Condiment : 요리에 사용되는 조미료

- Connoisseur : 맛을 보고 완벽한 판단을 내릴 수 있는 전문가

- Consomme : 맑고 강력한 맛을 가진 콘소메 수프의 의미는 "완벽한"이라는 뜻임

- Coq au vin : 포도주에 절인 닭고기 요리

- Cottage pudding : 따뜻하고 달콤한 소스와 함께 차려내는 케이크

- Coupe : 얕은 디저트 접시. 또는 딸기쿠우프나 파인애플쿠우프처럼 인기 있는 디저트

- Court bouillon : 물, 식초나 포도주, 향료, 그리고 양념으로 이루어진 액체. 여기에 생선을 데침

- Creme : <불어> 크림

- Creole : 크레올 형태의 요리를 나타내는 것. 대개 토마토, 양파, 녹색 고추, 셀러리 그

리고 양념으로 이루어진 수프나 소스

- Crepe : 〈불어〉 팬케이크(얇은 과자의 일종)

- Crepe suzette : 둥글게 말고 독한 브랜디 소스와 함께 차려내는 프랑스의 얇은 팬케이크

- Croutons : 오븐이나 팬에 버터를 이용하여 황갈색으로 구운 육각형의 작은 빵조각. 대개 샐러드나 수프와 함께 차려냄

- Cube : 정사각형 조각으로 자르는 것

- Cuisine : 요리

- Cutlet : 작고 납작하며 뼈가 없는 고깃조각. 일반적으로 이 용어는 돼지고기와 송아지고기에 사용됨

- Demi : 〈불어〉 이등분

- Demi-glace : 원래 부피의 1/2 정도가 될 때까지 끓여서 조리한 갈색의 걸쭉한 소스

- Demi-tasse : 블랙커피의 작은 컵

- Deviled : 후추, 겨자, 타바스코 등과 같이 얼얼한 양념을 첨가한 요리

- Diable : 얼얼하게 간을 맞춘 요리를 가리킴

- Diced : 육각형의 주사위 모양이나 정사각형으로 자르기

- Dissolved : 마른 물질을 액체에 흡수시키거나 액체로 만드는 것

- Dough : 걸쭉하고 부드러우며 요리하지 않은 밀가루 덩어리. 빵, 쿠키 그리고 롤을 만드는 데 사용

- Drippings : 고기를 굽고 난 다음에 생기는 기름과 천연주스

- Duxelles : 버섯, 샤롯, 그리고 양념으로 이루어진 일종의 스터핑. 일반적으로 뒥셀의 기본에 토마토나 갈색 소스의 형태로 수분을 첨가한 다음 버섯이나 토마토 등을 채우는 데 사용

- Eclair : 슈크림 페이스트로 만들고 크림 필링을 채운 다음 초콜릿을 입힌 과자

- Eggs benedict : 데친 달걀을 영국 머핀과 햄위에 올리고 네덜란드 소스로 덮은 다음 송로를 뿌린 요리

- En brochette : 꼬치에 끼워 굽는 것

- Enchiladas : 멕시코가 본고장인 요리. 토르티야(넙적하고 발효시키지 않은 옥수수 케이크)에 간 치즈와 쪼갠 양파, 혹은 다른 종류의 필링을 펼치고 오믈렛과 같은 방법으로 둥글게 만다. 일반적으로 녹은 치즈를 올려서 차려냄

- En coquille : 조개 껍질 속에 차려내는 것

- En tasse : 컵에 차려낸 것

- Escallop : 얇은 조각으로 자르거나 껍질 위에서 흰색 소스와 함께 굽는 것

- Escargot : 〈불어〉 달팽이

- Escarole : 꽃상추과의 샐러드 야채

- Escoffier : 유명한 프랑스 주방장(1846~1939) : 유명한 요리책의 저자

- Espagnole sauce : 글자 그대로 "스페인", 요리 전문용어에서는 고기, 야채, 그리고 양념으로 만든 걸쭉한 갈색 소스

- Essence : 어떤 지정한 고기맛을 추출한 것

- Extract : 원액을 뽑아낸 것. 특정 요리에서 얻은 추출액을 다른 요리맛을 돋우는 데 사용

- Farce : forcemeats

- Farci : 〈불어〉 고기나 야채와 같이 채워 만든 요리

- Farine : 밀가루

- Fermentation : 이스트와 같은 유기체 혼합물의 화학적인 변화, 설탕과 함께 이산화 가스가 발생함

- Flambee : 불꽃을 피워서 차려내는 것(예: 크레이프 수제트) 브랜디 사용

- Foie gras : 거위간

- Fondue : 녹인, 용해된

- Forcemeat : 매우 잘게 갈아 Stuffing에 사용. 고깃속

- Frappe : 죽과 같은 농도가 되도록 냉동시킨 것. 디저트 품목에 사용함

- French toast : 빵을 우유와 달걀에 담근 다음 양쪽면을 황갈색으로 구운 빵. 시럽과 함께 차려냄

- Fricasse : 닭과 새끼 양고기 혹은 송아지 고기의 조각을 스튜 요리한 다음 같은 소스에 차려낸 요리. 흰 소스 사용

- Fritters : 식품을 batter에 담그거나 씌운 다음 많은 기름에서 황갈색으로 튀긴 것. 프리터라는 용어는 튀긴 식품의 이름 뒤에 붙음

- Froid : 〈불어〉 차가운

- Fromage : 〈불어〉 치즈

- Fumet de poisson : 생선 국물(Fish stock)

- Galantine : 양계. 사냥물 혹은 고기의 뼈를 제거하고 고기를 다져 채워 삶은 다음 냉각시켜 냉육소스와 고기 젤리를 씌워 장식한 것. 일반적으로 얇게 썰어 뷔페 위에 차려냄

- Garbanzo : 병아리콩. 건조시켰거나 통조림으로 가공한 것을 구입할 수 있음

- Garnish : 외형을 돋보이게 하는 품목으로 요리를 장식하는 것

- Garniture : 〈불어〉 곁들임

- Giblet : 양계의 모래주머니, 심장, 그리고 간, 다리

- Glace de viande : 고기 스톡을 조려서 반고체 상태로 만든 것

- Glaze : 광택 있는 재료로 요리를 씌우는 것(설탕, 버터를 이용)

- Goulash : 걸쭉하고 맛있는 갈색 스튜. 주요한 양념은 파프리카임

- Gourmet : 고급요리를 좋아하는 사람(미식가)

- Grate : 문지르거나 마모시켜서 작은 입자로 만드는 것. 강판의 거친 표면을 사용함
- Gruyere : 프랑스나 스위스에서 만드는 전통적인 스위스 치즈
- Griddle : 바닥에서부터 열을 제공하는 커다랗고 넓적한 조리용 번철
- Gumbo : 닭고기 국물, 양파, 셀러리, 녹색 고추, 오크라, 토마토 그리고 쌀로 이루어진 크레온 형태의 걸쭉한 수프
- Gaspacho : 오이, 토마토, 셀러리, 옥파 등을 갈아서 만든 찬 야채 수프

- Hacher : 다지거나 분쇄한다는 의미
- Heifer : 송아지를 낳지 않은 어린 암소
- Homard : 〈불어〉 바닷가재
- Homogenize : 지방질 덩어리를 매우 작은 입자로 분쇄하는 것
- Hongroise : 헝가리식
- Hors d'oeuvres : 식사의 첫 번째 과정에서 차려내는 적은 양의 음식. 전채는 여러 가지 형태로 차려낼 수 있음

- Indian pudding : 노란색 옥수수가루, 달걀, 갈색 설탕, 우유, 건포도, 그리고 양념을 혼합한 다음 오븐에서 서서히 구운 디저트
- Indienne : 인디아 방식으로 요리한 음식, 카레가루가 주요한 양념임
- Irish stew : 새끼 양고기, 당근, 순무, 감자, 양파, 덤플링 그리고 양념으로 이루어진 흰색 새끼 양고기 스튜

- Jambalava : 쌀과 고기나 해양 식품의 혼합물을 함께 요리한 것
- Jambon : 〈불어〉 햄
- Jardiniere : 일반적으로 대략 1 in 길이에 1/4in의 길이가 되도록 자른 당근, 셀러리 그리고 순무로 이루어진 고기 앙뜨레용의 곁들임. 때때로 완두콩이 곁들임에 첨가됨

- Julienne : 길고 얇은 가닥으로 자르는 것

- Jus de viande : 천연 고기 주스

- Kartoffel klasse : 독일의 감자 덤플링

- Kebobo : 꼬치에서 구운 작은 고깃조각(육각형)

- Kosher : 히브리의 종교법에 묘사된 법칙에 따라서 가공한 고기

- Kuchen : 달콤한 이스트 반죽으로 만든 독일 케이크

- Kummel : 캐러웨이씨를 첨가한 리큐르

- Kumquat : 올리브와 유사한 모양과 크기의 감귤류. 매우 작은 오렌지와 유사함

- Lait : 〈불어〉 우유

- Langouste : 프랑스의 바닷가재

- Larding : 맛을 증가시키고, 굽는 동안의 건조를 방지하기 위하여 소금에 절인 돼지고기 가닥을 고기에 끼워 넣은 것. 라딩 작업은 소금에 절인 돼지고기 가닥을 라딩 바늘에 끼우고 이것을 고기에 관통시켜서 끼워 넣음

- Legumes : 야채

- Lentil : 콩과의 넓적한 식용 콩. 이것은 수프에 사용됨

- Limburger cheese : 벨기에가 원산지로 부드럽고 영양분이 많으며, 향기가 좋은 치즈콩

- London broil : 브로일러에서 구운 정강이 스테이크를 경사면 위에서 얇게 썰고 걸쭉한 브로일러에서 보르데레즈 소스와 함께 차려낸 요리

- Lyonnaise : 양파로 조리하여 차려낸 것(예: 리요네즈 감자)

- Macedoine : 과일이나 야채를 주사위 모양으로 자르는 것

- Madrilene : 토마토를 첨가시킨 투명한 콘소메로, 응고시키거나 뜨거울 때 차려냄

- Maitre d'hotel : 식당의 우두머리

- Maraschino : 모조마라스치노 리큐르에 저장한 마라스치노

- Marinade : 요리하기 전에 고기를 담가두는 소금물이나 절임용액

- Marmite : 수프나 가열하여 차려내는 토기 포트

- Marrow : 쇠고기나 송아지 고기의 뼈 중심부에 위치한 부드러운 지방

- Marsala : 중간 정도의 강도를 가진 이태리의 셰리 포도주

- Masking : 일반적으로 소스를 사용하여 요리를 덮는 것

- Mayonnaise : 달걀, 기름 그리고 식초를 함께 휘저어 유상화시킨 샐러드 드레싱

- Melba : 사이사이에 아이스크림을 곁들인, 전체의 과일을 멜바 소스로 덮은 것

- Malba toast : 매우 얇게 구운 흰색 빵이나 롤의 조각

- Menthe : 〈불어〉 박하

- Melt : 열을 가하여 용해시키거나 액체로 만드는 것

- Meringue : 달걀 흰자와 설탕을 함께 휘저어 거품이 일어나게 한 것. 파이와 케이크를 씌우는 데 사용됨

- Meuniere : 생선요리에 이용됨. 밀가루를 씌운 다음 버터를 이용하여 pan에 굽는 요리 방법

- Minced : 매우 가늘게 자르는 것

- Mincemeat : 잘게 쪼개어 요리한 쇠고기, 건포도, 사과, 기름 그리고 양념의 혼합물 다짐고기 파이의 요리에 사용함

- Minestrone : 약간의 야채, 그리고 이태리 파스타를 사용한 걸쭉한 이태리 야채수프 로 일반적으로 파르메산 치즈와 함께 차려냄

- Mould : 특정 요리의 모양을 만드는 형틀

- Mongol soup : 가닥으로 자른 야채를 첨가한 토마토와 쪼갠 완두콩 수프의 혼합물

- Mornay sauce : 계란 노른자와 치즈를 첨가한 걸쭉한 크림소스

- Mousse : 주로 휘핑한 크림, 감미료 그리고 첨가물로 만든 냉동 디저트, 또는 간 양계, 고기 혹은 생선의 젤라틴 앙트레를 휘핑크림의 첨가로 가볍게 할 수 있음

- Mulligatawny : 닭고기, 스톡, 쌀, 야채, 그리고 카레가루로 만든 걸쭉한 동인도의 수프

- Napoleons : 퍼프패스트리의 층을 크림 퐁당으로 분리하고 퐁당 아이싱을 씌운 프랑스의 패스트리

- Navarin : 당근과 순무를 곁들인 스튜형식의 요리

- Noir : 〈불어〉 검은색

- Noisette : 모든 뼈와 지방질을 제거하고 굽거나 튀긴 새끼 양고기나 돼지고기의 작은 허릿살 조각

- Nougat : 설탕, 아몬드, 그리고 피스타치오 견과로 만든 제과

- Oeuf : 〈불어〉 달걀

- Omelet : 푼 달걀에 간을 맞추고 버터나 기름으로 부풀 때까지 튀긴 다음 둥글게 말거나 접은 것

- Panache : 혼합된 색을 의미하는 표현으로 한 가지 요리에 두 가지 이상의 색을 사용할 수 있음

- Parboil : 부분적으로 요리하거나 물에서 끓이는 것

- Parfait : 다양한 색깔의 아이스크림을 키가 큰 파르페 글라스에 채우고 시럽이나 과일을 첨가한 다음 휘저은 크림. 쪼객 견과 그리고 버찌를 곁들인 것

- Parisienne : 파리의 여자를 의미하는 불어이지만, 파리지엔 국자로 작고 둥글게 자른 감자를 의미함

- Parmentiere : 감자와 함께 차려낸 것. 이 용어는 대개가 수프(감자를 함유하는 것)와 함께 사용됨

- **Pastry bag** : 작은 끝부분을 금속조각이 부착된 원추형의 천으로 만든 가방. 식품을 장식할 때 사용함

- **Paysanne** : 농부형. 대개 잘게 썬 야채나 쪼갠 야채

- **Persillade** : 파슬리를 곁들인 것

- **Petite** : 〈불어〉 작은

- **Petite marmite** : 강력한 콘소메와 닭고기 국물을 함께 합치고 다이아몬드 모양으로 잘라 삶은 야채, 쇠고기 그리고 닭고기와 함께 차려낸 것

- **Petits fours** : 소형 케이크, 퐁당을 씌우고 장식한 것

- **Pilau or pilaf** : 닭고기 스톡, 양파, 버터로 양념 조리한 쌀요리

- **Pimiento** : 달콤한 붉은색 고추

- **Polonaise** : 신선하게 구운 빵조각에 쪼갠 파슬리와 삶은 달걀을 혼합해 넣은 것. 곁들이는 흰 소스에 레몬과 호스래디쉬를 넣음

- **Pomme** : 〈불어〉 사과

- **Pommes de terre** : 〈불어〉 지상의 사과인 감자를 의미

- **Popovers** : 우유, 설탕, 달걀 그리고 밀가루로 만들어 재빨리 부풀린 빵

- **Porter house steak** : 미국식 절단 방법으로 잘라낸 허릿살. T-뼈가 허릿살에 남아 있도록 자르고 양 허릿살이 포함되도록 함

- **Pot pie** : 걸쭉한 소스에 고기와 야채를 혼합하여 캐서롤에 집어넣고 파이 껍질로 덮은 것

- **Poulet** : 〈불어〉 닭고기

- **Printaniere** : 갖가지의 작은 봄 야채 조각들과 함께 차려낸 것

- **Quahog** : 커다란 대서양 대합조개에 대한 이태리 이름

- **Quenelle** : 일반적으로 닭고기나 송아지고기로 만든 고기 덤플링

- Ragout : 걸쭉하고 맛있는 갈색 스튜

- Rasher : 얇은 베이컨 조각. 대개 한 개의 베이컨 라셔는 3조각이 필요함

- Ravigote : 마요네즈, 쪼갠 녹색 향료, 그리고 사철쑥, 식초로 만든 차가운 소스. 이것은 시큼한 맛을 냄

- Ravioli : 작은 사각형의 국수 반죽 상자에 닭고기 스톡에서 삶은 시금치와 간 고기를 채우고 고기 소스와 함께 차려낸 것

- Reduce : 액체를 삶아 농축시킨 것

- Remoulade-sauce : 타타르 소스와 유사하게 간을 많이 넣은 차가운 소스이지만 버섯과 같은 고추를 첨가한 것

- Render : 동물의 지방질에서 기름을 짜내는 것

- Risotto : 쌀, 다진 양파와 고기 스톡을 첨가하여 만드는 쌀요리

- Rissole : 일반적으로 오븐에서 구운 감자에 사용됨(예: 리솔레 감자)

- Roe : 생선알

- Romaine : 샐러드 야채의 길고 좁으며 바삭바삭한 잎. 외부 잎은 상당히 짙은 갈색이고, 내부 잎은 연한 색으로 부드러운 맛을 냄

- Roquefort : 유명한 프랑스의 푸른색 치즈

- Roti : 〈불어〉 구이(로스트)

- Rouge : 〈불어〉 붉은색

- Roulade : Roll. 고기말이

- Royale : 크림과 달걀의 혼합물로 콘소메와 고깃국물의 곁들임으로 사용할 수 있도록 커스터드로 구운 것

- Salamander : 위에서부터 열이 공급되는 작은 브러일러 모양의 가열기구. 일인분씩 차려낸 요리들을 굽는 데 사용함

- Salami : 간을 많이 넣은 돼지고기와 쇠고기의 건조 소시지

- **Sauerbraten** : 산성 쇠고기 포트구이. 쇠고기를 마리네이드(식초용액)에 3~5일 동안 담갔다가 산성 소스와 함께 차려냄

- **Scald** : 우유나 크림을 표면에 막이 형성될 때까지만 비등점 이하에서 가열하는 것

- **Scallion** : 기다랗고 두꺼운 줄기와 매우 작은 구근을 가진 녹색 양파

- **Scallop** : 관자

- **Scone** : 비스킷과 유사한 스코틀랜드의 즉석 빵

- **Score** : 특정 식품의 표면에 얇은 칼자국을 내어 외형을 돋보이게 하거나 부드럽게 하는 것

- **Shallots** : 마늘 구근과 관련이 있는 작은 양파 모양의 야채. 상당히 독한 양파 맛이 남

- **Shredded** : 얇은 가닥으로 자르거나 갈기. 조각내는 작업은 대개 프렌치 나이프나 슬라이싱기로 함

- **Sizzling steak** : 매우 뜨거운 금속접시에 스테이크를 차려내어 주스가 아직까지 지글거리는 요리

- **Smorgasbord** : 요리의 첫 번째 과정에서 자신이 직접 서비스하는 스칸디나비아식 전채. 샐러드, 고깃볼 등. 이것 다음에는 뜨거운 요리가 이어짐

- **Souffle** : 매우 가볍고 부풀어 난 품목. 일반적으로 푼 달걀 흰자를 기본 반죽에 섞어 넣어서 만듦

- **Spaetzles** : 길쭉한 국수 반죽을 커다란 구멍의 콜랜더에 통과시켜 끓는 스톡에서 요리한 오스트리아의 국수

- **Spumone** : 과일과 견과에 씌우는 이태리의 팬시 아이스크림

- **Steep** : 뜨거운 액체에 담가 맛과 색이 나도록 하는 것

- **Steer** : 거세시킨 어린 수송아지

- **Strawberries-romanoff** : Tortilla나 코쉬 리큐르에 담갔다가 휘핑한 크림에 섞어 넣은 딸기

- Supreme : 일반적으로 가금류의 가슴살을 의미함
- Sweetbreads : 송아지와 새끼양의 흉선
- Swiss chard : 여러 가지 종류의 비트로 잎은 야채로 사용되어 샐러드의 재료가 된다. 시금치처럼 보임

- Table d'hote : 한 번의 요금에 의하여 차려지는 여러 가지 과정의 식사. 대부분의 레스토랑에서 저녁 식단은 타블도테로 이루어짐
- Tapioca : 쓸쓸한 카사바 식물에서 추출시킨 전분. 푸딩과 일부 수프의 농후제로 사용한다. 가는 입자를 가진 타피오카를 "펄(진주)"이라고 부름
- Tarragon : 요리에 사용되는 유럽산의 향료 잎
- Tarte : 과일이나 과일과 크림으로 채우고 껍질이 없는 작은 개별 파이
- Tartare steak : 고기를 생으로 간 스테이크. 대개가 생달걀 노른자 및 양파와 함께 차려냄
- Timbale : 드럼 모양의 주형. 둥근 모양
- Tortilla : 멕시코의 석쇠케이크. 납작하고 발효시키지 않은 옥수수 케이크로서 가열된 돌이나 철 위에서 구움
- Toss : 특정 재료들을 들어 올리고 떨어뜨리는 작업을 반복하여 함께 섞는 것
- Tripe : 족발, 간, 창, 혀 등을 의미함

- Veal birds : 납작한 송아지고기 필렛살에 고기다짐을 넣고 둥글게 만 다음 오븐에서 구운 요리
- Venison : 사슴의 살
- Vermicelli : 건조시킨 밀가루 페이스트(파스타)의 길고 가는 봉. 스파게티와 유사하지만 더 가늚
- Vert : 〈불어〉 녹색

- Viande : 〈불어〉 고기

- Vichyssoise : 차갑게 하여 차려내는 크림 모양의 감자 수프

- Vin : 〈불어〉 포도주

- Vol au vent : 퍼프 패스트리로 만든 상자나 껍질에 고기나 양계의 혼합물을 채우고 퍼프 패스트리 뚜껑으로 덮어서 차려낸 것

- Welsh rarebit : 녹은 체더치즈에 맥주, 겨자 그리고 우스터셔 소스를 첨가하고 토스트 위에서 매우 뜨겁게 하여 차려낸 것

- Wiener schnitzel : 송아지고기 커틀릿에 빵가루를 씌우고 튀긴 다음 일반적으로 레몬 및 안초비 조각과 함께 차려내는 요리. 이 요리는 비엔나가 그 기원임

- Zest : 레몬이나 오렌지의 껍질

- Zucchini : 외형상 오이와 유사한 이태리의 호박류

- Zingara : 데미글라스에 포도주와 토마토 퓨레를 넣고 조린 다음 햄, 송로, 송이, 소 혀를 가늘게 썰어 넣은 소스

- Zwieback : 딱딱하거나 바삭바삭한 독일식의 빵 또는 비스킷

※ 불어 조리용어

- Ajouter : 더하다, 첨가하다

- Abaisser : Dough를 만들 때 반죽을 방망이로 밀어주는 것

- Appareil : 요리 시 필요한 여러 가지 재료를 준비함

- Arroser : Roast할 때 재료가 마르지 않도록 구운 즙이나 기름을 표면에 끼얹어주는 것

- Assaisonnement : 요리에 소금 · 후추를 넣는 것. 양념

- Assaisonner : 소금 · 후추. 그 외 향신료를 넣어 요리의 맛과 풍미를 더해주는 것

- Barde : 얇게 저민 돼지비계

- Beurrer : ① 소스와 수프를 통에 담아둘 때 표면이 마르지 않게 버터를 뿌린다. 버터 라이스를 만들 때 기름종이에 버터를 발라 덮어줌

  ② 냄비에 버터를 발라 생선과 야채를 요리하는 방법

- Braiser : 야채, 고기, 햄을 용기에 담아 Fond de Veau, Bouillon, Mirepoix, Laurie에를 넣고 천천히 오래 익히는 것

- Brider : 닭, 칠면조, 오리 등 가금이나 야조의 몸, 다리, 날개 등의 원형을 유지하기 위해 끈으로 묶는 것

- Clarifier : 맑게 하는 것

  ① 콘소메, 젤리 등을 만들 때 기름기 없는 고기와 야채 및 계란 흰자를 사용하여 투명하게 한 것

  ② 버터를 약한 불에 끓여 녹인 후 거품과 찌꺼기를 걷어내어 맑게 한 것

  ③ 계란 흰자와 노른자를 깨끗하게 분류한 것

- Clouter : ① 양파에 Clove를 찔러 넣는다(베샤멜 소스)

- Coller : ① 젤리를 넣어 재료를 응고시킴

  ② 찬 요리의 표면에 잘게 모양낸 장식용 재료(도리후, 피망, 젤리, 올리브 등)를 녹은 젤리로 붙인다

- Coucher : (감자퓨레, 시금치퓨레, 당근퓨레, 슈, 버터 등을) 주둥이가 달린 여러 가지 모양의 주머니에 넣어서 짜내는 것

  ① 용기의 밑바닥에 재료를 깔아 놓는 것

- Cuire : 삶다, 굽다, 조리다, 찌다 등

- Deglacer : 야채, 가금, 야조, 고기를 볶거나 구운 후 바닥에 눌어붙어 있는 것을 포도주나 꼬냑·마데라주·국물을 넣어 끓여 녹이는 것. 주스 소스가 만들어짐

- Degraisser : 지방을 제거하다.

  ① 주스, 소스를 만들 때 기름을 걷어내는 것

② 고깃덩어리에 남아 있는 기름을 조리 전에 제거하는 것

- **Delayer** : (진한 소스에) 물, 우유, 와인 등 액체를 넣어 묽게 한다

- **Dorer** : 파테 위에 잘 저은 계란 노른자를 솔로 발라서 구울 때 색이 잘 나도록 하는 것

  ① 갈색이 나도록 굽는 것

- **Dresser** : 접시에 요리를 담는다

- **Desosser** : (소, 닭, 돼지, 야조 등의) 뼈를 발라낸다

  ① 뼈를 제거해 조리하기 쉽게 만든 간단한 상태를 말함

- **Ecumer** : 거품을 걷어낸다

- **Egoutter** : 물기를 제거한다

  ① 물로 씻은 야채나 브랑쉬한 후 재료의 물기를 제거하기 위해 짜거나 걸러주는 것

- **Eponger** : 물기를 닦다, 흡수하다

  ① 씻거나 뜨거운 물로 데친 재료를 마른 행주로 닦아 수분을 제거

- **Etuver** : 천천히 오래 찌거나 굽는 것

- **Evider** : 파내다, 도려내다

  ① 과일이나 야채의 속을 파냄

- **Farcir** : 속을 채우다

  ① 고기, 생선, 야채의 속에 채울 때 퓨레 등의 준비된 재료를 넣어 채움

- **Flamber** : 불꽃을 피우다

  ① 가금(닭 종류)이나 야금의 남아 있는 털을 제거하기 위해 불꽃으로 태우는 것

  ② 바나나와 그레프 슈제트 등을 만들 때 꼬냑과 리큐르를 넣어 불을 붙인다. Baked alaska 위에 꼬냑으로 불을 붙임

- **Foncer** : 냄비의 바닥에 야채를 깐다

  ① 여러 형태의 용기 바닥이나 벽면에 파이의 생지를 깖

- **Fouetter** : 계란 흰자 · 생크림을 거품기로 강하게 젓는다

• Glacer : 광택이 나게 한다, 설탕을 입히다

① 요리에 소스를 쳐서 뜨거운 오븐이나 살라만더에 넣어 표면을 구운 색깔로 만듦

② 당근이나 작은 옥파에 버터, 설탕을 넣어 수분이 없어지도록 익히면 광택이 남

③ 찬 요리에 젤리를 입혀 광택이 나게 함

④ 과자의 표면에 설탕을 입힘

• Gratiner : 그라탕하다

소스나 체로 친 치즈를 뿌린 후 오븐이나 살라만더에 구워 표면을 완전히 막으로 덮는 요리법

• Hacher : (파슬리, 야채, 고기 등을) 칼이나 기계를 사용하여 잘게 다지는 것

• Larder : 지방분이 적거나 없는 고기에 바늘이나 꼬챙이를 사용해서 가늘고 길게 썬 돼 지비계를 찔러 넣는 것

• Lever : 일으키다, 발효시키다

① 혀넙치 살을 뜰 때 위쪽을 조금 들어 올려서 뜸

② 파이지나 생지가 발효되어 부풀어오른 것을 말함

• Lier : 농도를 걸쭉하게 하다

① 소스가 끓는 즙에 밀가루, 전분, 계란 노른자, 동물의 피 등을 넣어 농도를 맞추는 것을 말함

• Limoner : 더러운 것을 씻어 흘려 보내다

① (생선머리, 뼈 등의 피를) 제거하기 위해 흐르는 물에 담그는 것

② 민물이나 장어 등의 표면의 미끈미끈한 액체를 제거함

• Mariner : 담가서 절인다. 고기, 생선, 야채를 조미료나 향신료를 넣은 액체에 담가 고 기를 연하게 만들기도 하고, 향이나 맛이 스미게 하는 것

- Masquer : 가면을 씌우다, 숨기다, 소스 등으로 음식을 덮는 것
  ① 불에 굽기 전에 요리에 필요한 재료를 냄비에 넣는 것
- Mijoter : 약한 불로 천천히, 조용히, 오래 끓이다
- Mortifier : 고기를 연하게 하다. 고기 등을 연하게 하기 위해 시원한 곳에 수일간 그대로 두는 것
- Mouiller : 적시다, 축이다, 액체를 가하다. (조리 중에) 물, 우유, 즙, 와인 등의 액체를 가하는 것

- Napper : 소스를 요리 표면에 씌우다
  ① 위에 끼얹어주는 것

- Paner : 옷을 입히다
  ① 튀기거나 소테하기 전에 빵가루를 입힘
- Passer : 걸러지다, 여과되다
  ① 고기, 생선, 야채, 치즈, 소스, 수프 등을 체나 기계류, 여과기, 쉬누아를 사용하여 거르는 것
- Piquer : 찌르다
  ① 기름이 없는 고기에 가늘게 자른 돼지비계를 찔러 넣음
  ② 파이생지를 굽기 전에 포크로 표면에 구멍을 내어 부풀어오르는 것을 방지하는 것
- Presser : 누르다, 짜다
  ① (오렌지, 레몬 등의) 과즙을 짬

- Rafraichir : 냉각시키다, 흐르는 물에 빨리 식히다
- Reduire : 축소하다(소스나 즙을 농축시키기 위해), 끓여서 조리다.
- Relever : 향을 진하게 해서 맛을 강하게 하는 것

- Revenir : 재료를 강한 불로 살짝 볶다

- Rissoler : 센 불로 색깔을 내다. 뜨거운 열이 나는 기름으로 재료를 색깔이 나게 볶고 표면을 두껍게 만든다

- Rotir : 로스트하다. 재료를 둥글게 해서 크고 고정된 오븐에 그대로 굽는다. 혹은 꼬챙이에 꿰어서 불에 쬐어 가며 굽는다

- Saler : 소금을 넣다, 소금을 뿌리다

- Saupoudrer : 가루 등을 뿌리다, 치다
  ① 빵가루. 체로 거른 치즈, 슈거파우더 등을 요리나 과자에 뿌림

- Singer : 오래 끓이는 요리의 도중에 농도를 맞추기 위해 밀가루를 뿌려주는 것

- Sucrer : 설탕을 뿌리다, 설탕을 넣다

- Tailler : 재료를 모양이 일치하게 자르다

- Tamiser : 체로 치다, 여과하다.
  ① 체를 사용하여 가루를 침

- Tourner : 둥글게 자르다, 돌리다
  ① 장식을 하기 위해 양송이를 둥글게 돌려 모양냄
  ② 계란, 거품기, 주걱으로 돌려서 재료를 혼합함

- Vider : 닭이나 생선의 내장을 비우다

- Zester : 오렌지나 레몬의 껍질을 사용하기 위해 껍질을 벗기다

2. 기본 조리방법

- 건식열 조리방법(Dry-heat cooking methods)

방법(Method)	열원(Heat source)	조리기구(Equipment)
석쇠구이(Broiling)	공기(Air)	석쇠(Oven heat broiler, Salamander, Rotisserie)
그릴구이(Griling)	공기(Air)	그릴(Gill)
로스팅(Roasting)	공기(Air)	오븐(Oven)
베이킹(Baking)	공기(Air)	오븐(Oven)
소테(Sauteing)	기름(Fat)	스토브(Stove)
팬 프라잉(Pan Frying)	기름(Fat)	스토브(Stove)
튀김(Deep Fat Frying)	기름(Fat)	튀김기(Deep-fryer)

- 습식열 조리방법(Moist-heat cooking method)

방법(Method)	열원(Heat source)	조리기구(Equipment)
삶기(Poaching)	물 또는 다른 액체 (Water or liquid)	스토브, 스팀솥(Stove, Steam kettle)
끓이기(Boiling Simmering)	물 또는 다른 액체 (Water or liquid)	스토브, 스팀솥(Stove, Steam kettle)
찜기(Steaming)	수증기(Steam)	스토브, 스티머(Stove, Steamer)

- 복합 조리방법(Combination cooking methods)

방법(Method)	열원(Heat source)	조리기구(Equipment)
브레이징(Braising)	기름과 액체	스토브, 오븐, 스킬렛(Stove, Oven, Skillet)
스튜(Stewing)	기름과 액체	스토브, 오븐, 스킬렛(Stove, Oven, Skillet)

1) 건열식 조리방법

- **Broilling(석쇠구이)**

  열원이 위에 있어 불 밑에서 음식을 넣어 익히는 방법으로 Over Heat 방식이다. 예열되지 않은 석쇠에 재료를 올리면 붙어서 재료에 손상을 입힐 수 있으며 석쇠의 온도에 주의해야 한다.

- **Grilling(Griller, 석쇠구이)**

  열원이 아래에 있으며 직접 불로 굽는 방법으로 Under Heat 방식이다. 석쇠의 온도조절이 용이하며 줄무늬가 나도록 구울 수 있고 숯 사용 시 훈연의 향을 느낄 수 있어 음식 특유의 맛을 낸다. 예열되지 않은 석쇠에 재료를 올리면 붙어서 재료에 손상을 입힐 수 있으며 석쇠의 온도에 주의해야 한다.

- **Roasting(Rôtir, 로스팅)**

  육류 또는 가금류 등을 통째로 오븐에서 굽는 방법으로 향신료를 뿌리거나 표면이 마르지 않도록 버터나 기름을 발라주며 150~250℃에서 굽는다. 처음에는 높은 온도에서 시작하여 낮은 온도로 익히며 저온에서 장시간 구운 것일수록 연하고 육즙의 손실이 없으므로 맛이 좋다.

- **Baking(Cuire au Four, 굽기)**

  오븐에서 건조열의 대류현상을 이용하여 굽는 방법으로 빵, 타트, 파이, 케이크 등 제과에서 많이 사용한다. 감자요리, 파스타, 생선, 햄 등을 요리할 때도 사용한다.

- **Sauteing(Saute, 소테)**

  소테 팬이나 프라이팬에 소량의 기름을 넣고 160~240℃에서 살짝 빨리 조리하는 방법으로 조리 시 제일 많이 사용하는 방법 중 하나이다. 영양소의 파괴를 최소하고 육즙의 유출을 방지할 수 있다.

- **Frying(Frire, 튀김)**

  기름에 음식을 튀겨내는 방법으로 수분과 단맛의 유출을 막고 영양분의 손실이 적어진다. Deep Fat Frying은 140~190℃의 온도에서 많은 기름에 튀겨내는 방법으로 반죽을 입혀 튀기는 Swimming 방법과 Basket 방법이 있다. Pan Frying(Shallow Frying)은 170~200℃의 온도에서 적은 기름에 튀겨내는 방법으로 채소는 141~151℃, 커틀렛은 125~135℃의 온도에서 튀김한다.

- Gratinating(Gratiner, **그라탕**)

요리할 재료 위에 Butter, Cheese, Cream, Sauce, Crust, Sugar 등을 올려 Salamander, Broiler 또는 오븐 등에서 열을 가해 색깔을 내는 데 주로 사용하는 방법으로 감자, 야채, 생선, 파스타 요리 등에 사용한다.

- Searing(시어링)

강한 불에서 음식의 겉만 빨리 누렇게 지지는 방법이다.

2) 습열식 조리방법

- Poaching(Pocher, 포칭)

비등점 이하(65~92℃) 온도의 물이나 액체(육수, 와인) 등에 달걀이나 생선을 잠깐 넣어 익히는 것으로 단백질의 유실을 방지하고 건조해지거나 딱딱해지는 것을 방지할 수 있다. Shallow Poaching(샬로우 포칭)은 생선이나 가금류 밑에 다진 양파나 샬롯을 깔고 물이나 액체(육수, 와인) 등을 내용물의 1/2로 넣어 조리하는 방법이다. Submerge Poaching(서브머지 포칭)은 비등점 이하(65~92℃) 온도의 많은 양의 스톡에 계란, 가금류, 해산물 등을 넣고 서서히 익히는 방법이다.

- Boiling(Cuire, Bouillir, 삶기, 끓이기)

물, 육수. 액체에 식품을 끓이거나 삶는 방법으로 생선과 채소는 국물을 적게 넣고 끓이며 건조한 것은 국물의 양을 많이 한다. 감자나 육수를 얻기 위한 육류의 경우는 찬물에서 시작해서 끓이며 스파게티나 국수 등은 끓는 물에 시작해서 끓인다.

- Simmering(Bouillir, 시머링)

끓이지 않고 식지 않을 정도의 약한 불에서 조리하는 것으로 Sauce나 Stock을 끓일 때 사용한다.

• Steaming(Cuire a vapeur, 증기찜)

수증기의 대류작용을 이용하여 조리하는 방법으로 생선류, 갑각류, 육류, 야채류 등을 조리할 때 주로 이용되며 물에 삶는 것보다 영양의 손실이 적고 풍미와 색채를 유지할 수 있다.

• Blanching(Blanchir, 데치기)

식품을 많은 양의 끓는 물 또는 기름에 넣어 짧게 데쳐 빨리 식히는 방법으로 재료와 물, 기름의 비율은 1:10 정도로 한다. 끓는 물에 데칠 경우 시금치, 청경채, 감자, 베이컨 등을 사용하며 찬물에 빨리 식혀야 한다. 끓는 기름에 데칠 경우 130℃ 정도가 적당하며 생선, 채소, 육류 등을 사용한다. 어육류의 냄새를 제거, 조직의 연화, 피 등 불순물을 제거하며, 표면의 단백질 응고로 영양분의 용출방지에 효과적인 방법이다.

• Glazing

설탕이나 버터, 육즙 등을 졸여서 재료에 코팅시키는 조리방법으로 당근, 감자, 야채 등을 윤기나게 하는 조리방법이다.

3) 복합 조리방법

• Braising(Braiser, 브레이징)

팬에서 색을 낸 고기, 야채, 소스, 육즙 등을 브레이징 팬에 넣은 다음 뚜껑을 덮고 천천히 조리하는 방법으로 주로 질긴 육류의 조리법이며 온도가 높으면 육질이 질겨지므로 180℃의 온도에서 천천히 오래 익힌다. 고기의 표면이 마르지 않도록 위아래를 돌려주거나 스푼으로 소스를 끼얹어 준다. 조리된 다음 고기를 꺼내고 육즙을 체에 걸러 Butter를 넣고 Monté하여 Sauce로 사용한다.

• Stewing(Etuver, 스튜잉)

고기, 야채 등을 큼직하게 썰어 기름에 지진 후 Gravy나 Brown Stock을 넣어 110~140℃의 온도에 걸쭉하게 끓여내는 조리법으로 육류, 야채, 과일 등을 사용한다.

4) 기타 조리방법

- **Blending(블렌딩)**

  두 가지 이상의 재료가 잘 합해질 때까지 섞는 방법이다.

- **Whipping(휘핑)**

  거품이나 포크를 사용하여 빠른 속도로 거품을 내고 공기를 함유하게 하는 방법이다.

- **Creaming(크리밍)**

  버터, 마가린, 계란 흰자 등을 스푼이나 다른 것으로 부드러워질 때까지 치대는 방법으로 일반적으로 설탕을 섞어서 한다.

- **Glaceing(글레이싱)**

  설탕이나 시럽을 얇게 음식에 바르는 방법이다.

- **Parboiling**

  아주 푹 익히지 않고 살짝 익도록 끓이는 방법이다.

- **Basting**

  음식이 건조해지는 것을 방지하거나 맛을 더 내기 위하여 버터, 기름, 국물 등을 끼얹는 방법이다.

3. 기본 채소 썰기방법

- **Allumette(알뤼메뜨)**: 성냥개비(작은 성냥이라는 뜻)처럼 길게 써는 것(6cm×3mm× 3mm)

- **Batonnet(바또네)**: 작은 막대기형으로 길게 써는 것(6cm×6mm×6mm)으로 Vegetable Stick에 사용된다.

- **Brunoise(브르노와즈)**: 3×3×3mm의 작은 주사위형(정육면체)으로 써는 것으로 소스나 수프의 가니쉬로 사용된다. Fine Brunoise는 1.5×1.5×1.5mm의 작은 주사위형(정

육면체)으로 써는 것이다.

- Chateau(샤또): 계란 모양으로 가운데가 굵고 양끝이 가늘게 5cm 정도의 길이로 써는 것이다.

- Cheveux(쉬브): 머리카락처럼 가늘게 써는 것으로 채소를 많이 사용한다.

- Chiffonade(쉬포나드): 가는 실처럼 가늘게 써는 것으로 상추나 허브 잎을 사용한다.

- Concasse(꽁까세): 가로, 세로 0.5cm의 정사각형으로 얇게 써는 것

- Cornet(꼬흐네): 나팔 모양으로 써는 것

- Cube(뀌브): 가로, 세로 1.5cm의 주사위형(정육면체)으로 써는 것

- Dice Small: 주사위(정육면체) 모양으로 써는 것. (6×6×6mm) 1/4인치

- Dice Medium: (12×12×12mm) 2/4인치

- Dice Large: (20×20×20mm) 3/4인치

- Emincer(에멩세): 얇게 저미는 것으로 양파나 버섯을 사용한다.

- Fluting(플루팅): 버섯 등을 돌려가며 모양을 내어 깎는 방법이다.

- Hacher(아세): 잘게 다지는 것으로 Chop과 같은 개념으로 사용되며 양파, 당근, 고기 등을 썰 때 사용한다.

- Jardiniere(자흐디니에르): 샐러드 채소 썰기에 주로 이용하는 방법으로 3.5×3.5×3.5mm의 깍둑썰기 형태이다.

- Julienne(쥬리엔): 3mm×3mm×5cm 정도의 길이로 길게 써는 것으로 당근, 무 등의 야채에 사용한다. Fine Julinne는 1.5×1.5×5cm의 길이로 써는 것이다.

- Macedoine(마세두안): 과일 종류를 1~1.5cm의 주사위형으로 써는 것이다.

- Mincing(민싱): 야채, 허브, 양파, 마늘, 샬롯 등을 곱게 다지는 방법이다.

- Noisette(누아젯뜨): 지름 3cm 정도의 둥근 형으로 써는 것이다.

- Olivette(올리베트): 올리브 형태로 써는 것이다.

- Parisienne(빠리지엥): 둥근 구슬같이 써는 것인데 스쿱(Scoop)을 이용한다.

- Paysanne(뻬이잔느): 가로, 세로 1.2cm, 굵기 3mm로 납작한 네모형태나 다이아몬드 형태로 얇게 써는 것으로 수프의 가니쉬로 이용된다.

- Pont-Neuf(뽕느프): 가로, 세로 6mm의 크기, 길이 6cm로 써는 것이다.

- Printanier(쁘랭따니에): 로진이라고도 하며 가로, 세로 1.2cm, 두께 0.3cm의 다이아 몬드형으로 써는 것이다.

- Rondelle(롱델): 둥근 야채를 0.6~1cm의 크기로 둥글게 써는 것을 말한다.

- Russe(뤼스): 가로, 세로 5mm, 길이 2~3cm 정도의 크기로 짧은 막대기형으로 써는 것을 말한다.

- Salpicon(살피콘): 고기 종류를 작은 정사각형으로 써는 것이다.

- Tourner(뚜흐네): 돌리면서 둥글게 모양을 내어 깎는 것을 말한다.

- Tranche(트랑쉬): 야채, 고기 등을 넓은 조각으로 자르는 것이다.

- Troncon(트랑숑): 토막으로 자르는 것으로 장어나 연어 등 생선을 토막내어 써는 방법 이다.

- Vichy(비치): 7mm의 두께로 비행접시 모양으로 둥글게 썰어 가장자리를 도려낸 모양 으로 써는 방법이다.

4. 재료의 계량법

정확한 재료의 계량은 낭비를 막고 일정한 품질을 유지하는 데 매우 중요한 요소로 작용되고 있다. 합리적이고 계획적으로 조리하기 위해서는 균일한 재료의 계량이 선행되어야 한다. 계량기구의 종류로는 일반적으로 계량국자, 계량컵, 계량스푼, 저울 등이 이용된다.

무게와 부피

- 1Tbsp(table spoon) = 3tsp(tea spoon) = 15ml(milliliter) = 15cc

- 1C(cup) = 16Tbsp = 240ml(milliliter)

- 1oz(ounce) = 28.35g(gram) = 0.0625lb(pound)

- 1lb(pound) = 453.6g(gram) = 16oz(ounce)

- 1kg(kilogram) = 2.2lb(pound)

- 1pt(pint) = 2c(cup) = 480ml(milliliter)

- 1qt(quart) = 2pt(pint) = 4c(cup) = 960ml(milliliter)

- 1gal(gallon) = 4qt(quart) = 8pt(pint) = 16c(cup) = 3480ml(milliliter)

길이

- 1inch = 2.54cm = $2\frac{1}{2}$cm

- 1cm = 3/8inch

- 12inch = 1pit

- 섭씨와 화씨의 온도 전환 공식

- $℃ = 5/9 \times (℉-32)$

- $℉ = (9/5 \times ℃) + 32$

- ℃ = Centigrade, ℉ = Fahrenheit

- $0℉ = -18℃,\ 32℉ = 0℃$

Chapter 6

치즈

1. 치즈의 개요 및 유래

　치즈는 100g당 열량이 400cal이며 단백질은 20~30%가 들어 있는 고단백 식품이며 지방분도 27~34% 들어 있으며 비타민 H는 우유의 8배인 1,200IU나 된다. 무기질도 인이 100g당 600~800mg, 칼슘은 600~900mg씩 함유되어 있다. 즉 치즈는 우유에 비해 지방, 단백질, 비타민 A가 8~10배이며 칼슘과 비타민 B$_2$는 5배로 농축되어 있고 열량은 6배 정도나 된다.

　치즈라는 말은 라틴어인 Caseu에서 고대 영어인 Cese가 되고 다시 중세 영어인 Chese를 거쳐서 현대의 Cheese로 변화된 것이다. 또한 치즈의 프랑스어인 Fromage는 치즈의 제조과정에 버들가지 바구니에 넣어 건조시킨 데서 유래한 그리스어의 Fomos(바구니)에서 나왔다.

　치즈의 기원은 B.C. 6000년경 메소포타미아에 치즈와 비슷한 식품에 대한 기록이 있다고 하는 것으로 보아 그 기원은 매우 오래된 것으로 추측된다. 또 B.C. 3000년경 스위스의 코르테와 문화나 크레더 성의 문화시대에 치즈가 일상생활에 이용된 것으로 보인다.

　치즈 발견의 전설을 보면 고대 아라비아의 카나나(Kanana)라는 상인이 사막을 횡단할 때 양의 위를 건조시켜 만든 주머니에 우유를 넣고 가다가 오랜 시간이 흐른 뒤에 우유를 먹으려고 주머니를 열어보니 그 우유는 응유(curd)와 유청(whey)으로 구분되어 있었다고 한다. 응유는 새콤하고 감칠맛이 나며 향기가 새로워서 그 상인은 사막을 횡단하는 동안 응유로 시장을 달래고 유청으로는 갈증을 해소하였는데 이것이 처음으로 유용하게 사용한 치즈의 시초라 한다.

미국 농무성에 의한 치즈의 정의는 '박테리아에서 생성된 산이나 효소(rennet)에 의해 우유의 지방과 카제인이 응고하여 얻어진 우유성분의 일부이거나 우유에서 농축된 것' 이다.

즉 유청에서 분리된 응유(curd)은 바로 비숙성 치즈로, 응유를 박테리아 이스트 공장에서 효소 등으로 숙성시키면 숙성치즈가 된다고 정의하고 있다.

2. 치즈의 제조과정 및 보관방법

치즈의 제조는 원료유 → 살균(Pasteurizing) → 응유(Curd formation) : 염화칼슘의 첨가, 색소 첨가 → 응유의 절단(Curd cutting) → 커드의 가온 처리 및 유청 빼기(Whey off) → 틀에 넣기 및 압착가염(Pressing & salting) → 표면 처리(Coating) → 숙성(Ripening or Aging)의 과정을 거치며 만들어진다.

치즈는 영양가치가 높은 만큼 미생물에 대해서도 좋은 배양지가 된다. 또한 지방함량이 높으므로 고온에서 보존하면 지방이 분리되고 공기에 오래 노출시켜 두면 쉽게 상하게 된다. 치즈의 보관온도는 3~5℃가 가장 이상적이며 0.5℃ 이하에서는 냉동되어 푸석푸석한 조직이 된다. 자연 치즈는 발효미생물, 주로 젖산균이 그대로 살아 있어서 오래 보관하면 숙상이 지나쳐 품질이 저하된다. 가공치즈는 가열 살균하였으므로 보존조건이 좋으면 매우 오랫동안 보존할 수 있어 개봉하지 않은 상태로는 6개월 정도 보존이 가능하다.

3. 치즈의 분류 및 종류

1) 연질 치즈(Soft cheese)

가장 부드러운 치즈를 말하며, 수분함량이 45~50% 정도 이상이고 비숙성, 세균숙성, 곰팡이 숙성으로 분류한다. 연질 치즈 중에서도 비숙성 치즈는 스푼으로 쉽게 떠서 먹거나 음식물에 발라 먹을 수 있다. 연질 치즈는 맛이 순하고 조직이 매끄럽고 매우 부드럽기 때문에 보관할 때는 통풍이 잘 되는 곳은 피하고 약간 습기가 차면서 건조한 곳에 특별히 보관해야 한다.

- 비숙성 치즈로는 코타지 치즈(Cottage), 크림 치즈(Cream), 리코타 치즈(Ricotta), 뉴프샤넬 치즈, 브루스 치즈(Brousse), 미소스트 치즈, 마스카포네 치즈(Mascarpone) 등이 있다.
- 세균 숙성 치즈로는 리바로 치즈(Livarot), 마르왈 치즈(Maroillea), 문스터 치즈(Munster), 르볼로숑 치즈(Rebolochon), 카르송 치즈(Gaperon), 퐁드 레비큐 치즈(Pont Leveque), 바농 치즈(Banon) 등이 있다.
- 곰팡이 숙성 치즈로는 카망베르 치즈(Camembert), 브리에 치즈(Brie), 클로미에 치즈(Coulommiers), 생마르슬랭 치즈(Sant Maure) 등이 있다.

2) 반경질 치즈(Semi hard cheese)

반경질 치즈는 세균 숙성 치즈와 곰팡이 숙성 치즈로 분류되며 수분함량은 40~45%로 대부분 응유를 익히지 않고 압착하여 만들어진다.

- 세균 숙성 치즈로는 포르드 살루 치즈(Port de Salut), 몬테리 잭 치즈(Monterey jack), 브릭 치즈(Brick), 모짜렐라 치즈(Mozzarella), 페타 치즈(Feta), 벨 파아제 치즈, 림부르거 치즈(Limburger), 크로턴 드 사빈놀 치즈(Crottin de Chavignol) 등이 있다.
- 곰팡이 숙성 치즈로는 로크포르 치즈(Roquefort), 고르곤졸라 치즈(Gorgonzo-

la), 스틸톤 치즈(Stilton), 블루 드 브레스 치즈(Blue de Bresse), 생넥테르 치즈(Saint Nectaire) 등이 있다.

3) 경질 치즈(Hard cheese)

수분 함량이 30~40％로 일반적으로 제조 과정에서 응유를 끓여 익힌 다음 세균을 첨가하여 3개월 이상 숙성시켜 만든다. 큰 바퀴형태로 숙성시키면 단단해지므로 운반과 저장이 용이하다.

종류로는 에멘탈 치즈(Emmental), 그뤼에 치즈(Gruyere), 아펜젤 치즈(Appenzell), 체다 치즈(Cheddar), 쳐서 치즈(Cheshire), 에담 치즈(Edam), 고다 치즈(Gouda), 프로볼로네 치즈(Provolone), 틸지트 치즈(Tilsit), 락클레트 치즈(Raclette), 테테 드 모아 치즈(Tete de Moine), 웬즐리델 치즈(Wenseydle), 캉탈 치즈(Cantal) 등이 있다.

4) 초경질 치즈(Very hard cheese)

초경질 치즈는 수분함량이 25~30％인 매우 단단한 치즈로서 이태리의 대표적인 치즈인 Pamesan과 Romano이다. 이것은 주로 분말형태로 만들어서 샐러드나 피자, 스파게티 등 요리의 마무리 과정에 사용한다.

파르메산 치즈(Parmesan), 페코리노 로마노 치즈(Pecorino Romano), 그라나 파다노 치즈(Grana Padano) 등이 있다.

5) 가공치즈(Process cheese)

가공치즈는 이미 만들어진 치즈를 녹이거나 절단하여 혼합하는 등의 공정을 거쳐서 여러 가지 형태로 만들어진 치즈를 말한다. 이 치즈는 Gruyere cheese나 Cheddar cheese 같은 것에 호두나 포도, 아몬드 등을 첨가하여 만들기도 한다.

Chapter 7

채소

1. 채소의 개요

채소는 다양한 맛, 조직, 색으로 구성되어 있고 영양학적으로 보아도 특수한 비타민, 무기질을 많이 함유하고 있고 특히 수분이 70~80% 정도 있는 반면 칼로리, 단백질 함량이 적어 체중을 줄이는 식이요법에 많이 이용되고 있다.

채소는 알칼리성 식품이므로 산성인 고기, 생선 등과 곁들이면 영양학적으로 균형을 취하는 데 매우 중요한 요소이다.

채소는 본래 중국에서 온 말이고 일본은 야채라고 말하며 우리는 나물이라고 했다. 먹을 수 있는 풀은 모두 나물이라고 볼 수 있다. 엄격히 구분하면 재배나물(남새, 채소)과 채산나물(산채, 산나물)로 나눌 수 있다.

대부분의 채소는 적어도 80%가 물로 이루어져 있으며, 나머지 성분으로 탄수화물, 단백질, 지방이 있다. 채소의 비상음식 공급체로 사용되는 감자가 전분을 많이 함유하고 있는 반면에, 시금치는 특히 수분의 함량이 높다. 전화당 또한 음식의 기본요소이며 자당은 옥수수, 당근, 양파, 그 밖의 채소에 함유되어 있다. 채소는 자랄 때 목질의 리그닌이 증가되고, 수분이 증발되며 단맛이 농축된다.

각 채소는 세포의 조직배열과 그것이 함유하는 여러 가지 다양한 성분에 따라 독특한 특성을 갖는다. 채소를 고를 때 축 늘어지고 시들었거나 변색된 것, 수확할 때 손상된 것은 확실히 피해야 한다. 잎채소는 식물의 기생충 때문에 주의 깊게 고르는 것이 필요하다.

채소는 가능한 한 필요한 양만 준비한다. 채소는 요리하기 바로 직전에 씻고 껍질을 얇게 벗긴다. 비타민은 보통 껍질 바로 밑부분에서 발견된다. 우리는 전분이나 셀룰로오스 성분을 파괴하여 보다 더 소화되기 쉬운 형태로 만들기 위하여 열을 사용하여 채소를 조리한다. 대부분의 채소들은 그들의 특징과 맛, 신선함을 보존하기 위하여 가능한 한 빨리 조리해야 한다. 양배추는 자르고 채썰 때 비타민 C나 B를 40% 정도까지 잃을 수 있다. 일단 그 채소가 물에 담겼었기 때문에 조리하는 실제적인 양에는 차이가 없다. 채소를 끓이거나 저어가며 튀기는 것보다 증기에 채소를 찌는 것이 좋다. 압력이나 초단파를 이용한 요리는 채소에 들어 있는 영양분의 양을 최대한 보존시킨다.

공기와 접촉한 채소는 그것이 조리된 것이든 날것이든 간에 변색되기 쉽다. 이것은 산화를 일으키는 어떤 효소 때문이나 이러한 산화작용은 산의 첨가로 멈추게 할 수 있다. 이 때문에 조리사들이 셀러리나 사과의 껍질을 벗긴 후 산성을 띤 물(약간의 레몬주스가 첨가된)에 담그는 것이다.

2. 채소의 분류와 종류

채소를 학술적으로 분류해 보면 다음과 같다.

- **엽채(잎)**: 상추, 양상추, 배추, 시금치, 양배추, 로메인, 루굴라, 롤라로사, 브루셀 수프라웃, 청경채, 치커리, 라디치오, 엔다이브, 단델리온, 그린비타민, 부추
- **경채(줄기)**: 셀러리, 아스파라거스, 휀넬, 콜라비, 릭, 양파. 대파, 마늘, 샬롯, 죽순, 두릅
- **과채(열매)** : 가지, 오이, 호박, 토마토, 파프리카, 오쿠라, 스트링 빈스
- **근채(뿌리)** : 감자, 고구마, 당근, 무, 비트, 연근, 셀러리악, 파스닙, 도라지, 우엉
- **화채(꽃)**: 브로콜리, 콜리플라워, 아티초크, 오이꽃
- **종채(씨)**: 콩, 옥수수, 깨

1) 엽채류

채소류 중에서 가장 채소다운 채소라 할 수 있으며 배추, 양배추, 양상추, 쑥갓 등 잎을 먹는 채소이다. 수분은 많으나 당질과 열량이 낮고 무기질, 비타민이 많으며, 특히 짙은 색의 잎에는 비타민 A가 풍부하다. 시금치나 근대 등에는 칼슘이 많기는 하지만, 수산과 결합하여 소화되지 않는 수산화칼슘으로 변하기 때문에 체내에 흡수가 되지 않는다.

부추	– 영양가가 높은 달래과에 속하는 다년생 초본 – 자양 강장약으로 분류되어 있는 한약재, 혈액 순환을 촉진하는 효능, 몸을 보온하는 효과 – 나쁜 피를 배출하는 작용이 있어서 생리량을 증가시키고 생리통을 없애주며 빈혈치료의 효과, 음식물에 체해 설사를 할 때 부추를 된장국에 넣어 끓여 먹으면 효력이 있으며, 구토가 날 때 부추의 즙이 효과가 있음
배추	– 감기를 물리치는 특효약 – 배추를 약간 말려서 뜨거운 물을 붓고 사흘쯤 두면 식초맛이 나는데 가래를 없애주는 약효가 뛰어나 감기로 인한 기침과 가래 증상을 해소
시금치	– 비타민 A는 채소 중에서 가장 많음 – 칼슘, 철분, 옥소 등이 많아서 성장에 효과 – 강장보혈에 효과, 사포닌과 질 좋은 섬유가 들어 있어 변비에도 효과, 철분과 엽산이 있어 빈혈 예방에도 효과
쑥	– 무기질과 비타민을 훨씬 많이 함유, 비타민 A가 많이 함유 – 비타민 C 함유, 부인병, 토혈, 하혈, 코피, 토사, 비위 약한 데, 통증, 감기, 열, 오한, 전신통 효과
양배추	– 양배추의 잎에는 비타민 A와 비타민 C가 많음 – 혈액을 응고시키는 작용을 하는 비타민 K와 항궤양 성분인 비타민 U도 많아서 위염, 위궤양 환자들의 치료식으로 사용 – 식물성 섬유질이 많아 변비를 없애주고, 현대인의 산성체질을 바꾸는 데도 효과적
미나리	– 황달, 부인병, 음주 후의 두통이나 구토에 효과 – 혈압을 내려 고혈압환자가 즐겨 찾는 식품. 심장병, 류머티즘, 신경통, 식욕증진 효과
로메인	– 상추의 일종으로 에게해 코스섬 지방이 원산지여서 코스 상추라고도 함 – 로마의 줄리어스 시저가 좋아한 샐러드라고 해서 시저스 샐러드라고도 불림 – 로마사람들이 많이 소비하는 상추여서 로메인상추라고도 함 – 각종 미네랄이 풍부, 칼륨, 칼슘, 인 등이 다량 함유. 피부 건조를 막아주고, 잇몸을 튼튼하게 해줌

엔다이브	- 은은한 쓴맛이 나는 게 특징 - 상추류, 물냉이, 피망과 함께 모듬 샐러드로 많이 쓰임 - 삶거나 수프에 넣거나 고기 요리에 다른 채소와 함께 넣어 끓여도 사용 - 비타민 A, 카로틴, 철분이 풍부
무순	- 일본, 서양, 중국요리 등에 자주 이용되며 돼지고기, 쇠고기와 잘 어울림 - 비타민이 풍부, 생으로 먹으면 전분을 소화시키는 아밀라제 작용 - 비타민 A, 카로틴 등이 풍부, 열을 내려주고 부기를 가라앉히며 폐를 활발하게 함
겨자채	- 색이 선명하고 잎이나 잎맥에 생생한 활력이 있으며 잎이 두껍고 광택 있는 것이 신선함 - 비타민 A, C, 카로틴, 칼슘, 철이 풍부. 눈과 귀를 밝게 하고 마음을 안정시켜 주는 효능 - 겨자, 시금치, 당근을 섞어 갈아 마시면 치질, 황달 치료에 효과
오크리프	- 상추의 한 품종으로 샐러드와 쌈으로 많이 먹음 - 비타민 C가 풍부하며 규소가 80% 이상 들어 있음
상추	- 단백질과 지방, 당질, 칼슘, 인, 철분 등과 비타민 A, C 등이 풍부 - 불면증과 황달, 빈혈, 신경과민 등에 효과, 치아 미백효과 - 담이 걸릴 때 잎을 쪄서 환부에 붙이면 담을 풀어주는 효과 - 상추 잎을 찧어 즙을 내어 타박상 부위에 바르면 효과, 피를 깨끗하게 만드는 정혈 효과

2) 경채류

줄기를 이용하는 채소로 셀러리, 아스파라거스, 휀넬, 콜라비, 릭, 양파, 대파, 마늘, 샬롯, 죽순, 두릅 등이 경채류이다.

양파	- 다른 음식물에 들어 있는 비타민 B_1의 흡수가 잘 되고 채소 샐러드에 얇게 썬 양파를 넣으면 다른 채소가 가지고 있는 비타민 B_1의 흡수율이 높아져 영양적으로 매우 좋아짐 - 인슐린 분비를 촉진시키는 작용과 당뇨로 인해 생기기 쉬운 각종 성인병 예방에 효과
파	- 성인병의 원인인 콜레스테롤을 낮추고 혈청 내 인슐린 농도를 낮추고, 노화 억제 물질과 암 예방 및 신장 활성물질을 다량 함유 - 파 특유의 냄새로 알려진 알리신 성분은 비타민 B_1을 활성화하여 특정 병원균에 대해 강한 살균력 있어 면역력 강화에 좋음 - 건위, 살균, 이뇨, 발한, 정장 구충, 거담 등에 효과
두릅	- 단백질과 무기질이 많고, 비타민 C와 섬유질이 풍부 - 두릅의 뿌리 부분은 땀을 내게 하고 몸을 따뜻하게 하며 이뇨 작용이 있어서 생약 재료로 쓰임 - 단백질과 비타민 C가 풍부하며, 독특한 향기로 입맛을 돋우어주는 영양가 높은 채소

셀러리	– 비타민이 가장 많이 들어 있는 야채 중 하나 – 식물성 식품으로는 드물게 비타민 B₁, B₂가 풍부해서 강장효과와 위의 활동을 원활히 해줌 – 일반적인 다른 채소보다 비타민의 함량이 거의 10배 이상 – 치즈나 달걀 등의 단백질 식품과 칼슘이 풍부한 멸치, 마른 새우 등과 함께 먹으면 영양 배가됨 – 체내의 무기성 칼슘을 분해시켜 축적된 장소로부터 분리, 배설하는 작용을 하므로 피로와 노폐물을 가시게 하고 영양의 유동성을 유지시켜 줌

3) 과채류

과채류는 열매를 이용하는 것으로 수분함량이 높고 당질은 적다. 식물이 성장하면서 강수량과 일조량 등에 많은 영향을 받는다. 가지, 호박, 토마토, 오이 등이 과채류에 속한다.

생식기관인 열매를 식용하는 채소들로서 오이 · 호박 · 참외 등의 박과(科) 채소, 고추, 토마토, 가지 등의 가지과 채소 등으로 구분한다.

가지	– 가지는 빈혈, 하혈 증상을 개선, 혈액 속의 콜레스테롤 양을 저하시키는 작용이 있고, 고지방식품과 함께 먹었을 때 혈중 콜레스테롤 수치의 상승을 억제 – 간장 및 췌장의 기능을 항진, 이뇨작용, 가지의 스코폴레틴, 스코파론은 진경작용, 진통을 위해 사용
고추	– 평소 몸이 차서 소화 장애를 자주 경험하는 사람에게 좋은 식품 – 매운맛이 소화를 촉진시키고 침샘과 위샘을 자극해 위산 분비를 촉진 – 캡사이신 외에도 비타민 A, C가 많이 들어 있어 각종 호흡기 질환에 대한 저항력을 증진 – 비타민 C는 사과의 20배일 정도로 풍부
파프리카	– 비타민 C와 A가 특히 풍부한 야채 – 기름에 볶거나 튀기면 카로틴의 흡수를 도와주는 효과 – 비타민 A와 C가 세포작용을 활성화하여 신진대사를 활발하게 하고, 몸 안을 깨끗하게 해줌
오이	– 발모작용, 체열강하, 해갈작용, 이뇨작용(이뇨작용이 있어 껍질이나 덩굴을 달여서 마시면 부종에 효과)과 화상, 타박상 치료, 신장병, 심장병 등 부종 치료 작용(비타민 B, C와 칼륨(K)의 작용), 피부미용 개선작용(비타민 C를 산화하는 효소가 들어 있어 다른 채소와 섞어서 주스를 만든 것을 삼가), 항종양작용(Cucubitacin C는 동물 실험에 항암성 종양작용이 있고 Cucubitacin B는 간염에 효과)

호박	- 중풍예방 효과, 감기에도 걸리지 않으며 동상도 예방 - 호박은 이뇨작용을 하여 부종을 낮게 하고 배설을 촉진하며 바타민 A가 풍부하여 피부미용에도 효과, 해독작용을 하여 숙취 해소에도 도움, 산후부종 및 신장기능 강화, 이뇨작용, 통증을 가라앉히는 소염작용, 해독작용, 통증 완화작용
토마토	- 비타민 C가 풍부, 고혈압, 당뇨병, 신장병 등 만성질환을 개선, 식이섬유는 변비예방, 대장의 작용을 좋게 해 혈액 중의 콜레스테롤 수치를 낮추고 비만을 예방하는 데 효과 - 비타민 C가 풍부해서 고혈압을 예방 - 비타민 A, B, C, 칼륨, 칼슘 등의 미네랄을 함유 - 체내의 수분량을 조절해서 과식을 억제하고, 소화를 촉진시켜 위장, 췌장, 간장 등의 작용을 활발하게 함 - 비타민 K, 비타민 A, C, E 함유. 노화를 방지하는 성분이 들어 있어 몸을 젊게 해주고, 골다공증을 예방

4) 근채류

근채류는 근경, 괴경, 구경, 비늘줄기와 근을 모두 포함한다.

근경은 뿌리줄기를 일컫는 말로서 특수한 형태의 줄기가 영양성분을 저장하면서 비대해져서 뿌리처럼 보이는 것이며, 괴경은 감자·돼지감자 등의 덩이줄기를 말하는 것으로 땅속줄기의 끝부분이 영양성분을 저장하여 만들어진 형태이다.

구경은 토란과 같이 지하의 줄기가 비대해져서 공 모양으로 된 것이고, 비늘줄기는 양파·마늘과 같이 땅속줄기의 일종을 말하며, 근은 무·당근 등 토양으로부터 수분과 영양성분을 흡수하는 뿌리가 다량의 영양성분을 저장하게 된 것을 말한다. 다른 채소에 비해 수분함량이 적고 당질함량은 높다. 무·순무·당근·우엉 등과 같이 곧은 뿌리와 고구마·마 등과 같이 뿌리의 일부가 비대한 덩이뿌리[塊根]를 이용하는 것, 연근·감자·생강 등과 같이 땅속줄기[地下莖]가 발달한 것을 이용하는 것이 있다.

당근	– 비타민 A가 많은 식품, 당근에 함유된 카로틴은 보통 시금치의 1.5배, 콜리플라워의 9배 정도 함유 – 카로틴은 우리 몸 안에서 비타민 A로 바뀌기 때문에 프로비타민 A라고 불리기도 하며 면역력에 좋음 – 비타민 A는 물에 녹지 않고 가열해도 분해되지 않는 성질이 있으므로 당근은 기름으로 볶아 요리하는 것이 제일 좋은 방법
감자	– 암을 억제하는 글로로겐산이 풍부하게 들어 있어 항암식품 중 하나 – 천식, 피부염 등 알레르기 체질의 개선에 많이 사용
마	– 설사, 오래된 기침, 당뇨, 유정, 대하, 소변빈삭 등에 사용 – 소화기 계통을 도와주며 보익작용, 호흡기계에도 좋고 당뇨에도 효과
마늘	– 곰팡이를 죽이고 대장균 · 포도상구균 등의 살균효과 – 비타민 B를 많이 함유. 마늘의 알리신 성분은 신경안정 작용, 외부로부터의 자극을 완화시키거나 활력을 높임
무	– 즙을 내어 먹으면 지해(址咳), 지혈(地血)과 소독, 해열 – 삶아서 먹으면 담증을 없애주고 식적(食積)을 제거 – 디아스타제 같은 전분 소화효소는 물론 단백질 분해효소도 가지고 있어서 소화작용을 도움 – 무즙은 담을 삭여주는 거담작용, 니코틴을 중화하는 해독작용, 노폐물 제거작용, 소염작용, 이뇨작용이 있어서 혈압을 내려주며, 담석을 용해하는 효능이 있어 담석증을 예방
고구마	– 고구마는 비타민 C가 많고, 열을 빨리 내리는 작용, 섬유질이 많아 변비에 효과 – 장내에서 발효하여 뱃속에 가스가 차기 쉽지만 소화흡수가 잘되며, 칼슘과 인이 풍부하고, 고구마의 비타민 C는 열에 강하여 가열해도 파괴되지 않음 – 체력을 증진시키고, 위장을 튼튼하게 하며, 정력을 증진시키는 등 인체에 매우 좋은 식품
생강	– 식욕을 돋워주고 소화를 도와주며, 식중독을 일으키는 균에 대해 살균, 항균 작용 – 속이 거북하거나 메스꺼움, 딸꾹질 등을 멈추는 작용 – 생강은 땀을 내고 소변을 잘 나오게 하여 부기를 빼주며, 몸을 훈훈하게 하여 냉강증, 불감증, 생리불순 등을 고쳐주는 효능 – 혈중 콜레스테롤의 상승효과를 강력하게 억제하고 멀미를 예방하고 혈액의 점도를 낮추며, 혈중 콜레스테롤 수치를 낮추고 암을 예방
토란	– 뱃속의 열을 내리고 위와 장의 운동을 원활히 해주는 식품 – 알칼리성 식품이며 변비를 치료 예방해 주는 완화제

5) 화채류

꽃을 이용하는 채소로서 채소 중에서 비타민 C가 가장 풍부한 것 중의 하나이다.
브로콜리, 콜리플라워 등이 화채류에 속한다.

브로콜리	– 비타민 A, C, B 등이 풍부, 비타민 A의 경우 피부나 점막의 저항력을 강화시켜 감기 등의 세균 감염을 막는 역할 – 비타민 C, 베타카로틴 등 항산화 물질이 풍부, 베타카로틴은 비타민 A의 생성 전 단계 물질로 항산화 작용을 하는 미량 영양소. 항산화 물질은 우리 몸에 쌓인 유해산소를 없애 노화와 암, 심장병 등 성인병을 예방 – 다량의 칼슘과 비타민 C가 골다공증 예방에 도움
컬리플라워	– 92%의 물, 5%의 탄수화물, 2%의 단백질과 소량의 지방으로 이루어져 있다. 비타민 C가 굉장히 풍부하고 비타민 B, 비타민 K, 비타민 C가 매우 풍부하여 면역력 강화, 피로회복, 식이섬유가 풍부하여 변비 개선, 칼로리가 낮고 포만감이 높아 다이어트에 도움 – 암세포 증식을 억제하는 피토케미컬 성분이 함유되어 항암효과, 헬리코박터 파일로리균의 활성 억제로 위궤양 및 위암예방 도움

6) 종채류

씨앗을 이용하는 채소로서 옥수수, 콩, 팥 등이 종채류에 속한다.

옥수수	– 체력 증강, 신장병 치료 작용(비타민 A, B, E가 함유되어 있으며, 그중에서도 비타민 E가 풍부하여 체력증강에 도움) 및 정장, 변비, 소화불량 개선(다른 곡물보다 2~3배의 섬유질을 함유)에 도움을 주며, 항암작용(프로티즈 인히비터가 고농도로 함유되어 있음), 충치 개선작용 – 옥수수 수염은 혈당 강하작용, 이당작용, 고혈압 및 피로회복에 효능

콩	– 단백질 식품이면서 알칼리성 – 콩의 지방은 50%가 리놀산이므로 씻어내어 혈관벽을 튼튼하게 하며 사포닌(인삼의 주효능)과 비타민 E(토코페롤)가 있어 노화방지에 효과 – 레시틴이라는 물질이 머리의 회전을 원활하게 할 뿐 아니라 아세틸콜린 부족으로 생기는 치매를 예방하며, 성장기 어린이의 뇌세포를 분화시키고 필요한 신경정보가 원활하게 전달되게 함 – 콩의 섭취는 체지방으로 축적되는 에너지를 줄여주기 때문에 성인병 예방에 반드시 필요한 식품. 콩 속에 들어 있는 트립신 저해제가 인슐린의 분비를 촉진하고 섬유소가 혈당치의 급격한 상승을 억제하기 때문에 당뇨성 질환에 효과 – 단백질 가수분해효소 저해인자(Protease inhibitor) 피트산, 화이토스테롤, 사포닌, 이소플라본 등의 다섯 가지 항암물질 – 콩나물에 있는 아스파라긴이 독성이 강한 알코올의 대사 산화물을 제거하므로 숙취에 좋음
팥	– 사포닌 성분은 이뇨작용, 체내 지방을 분해하여, 에너지로 바꿔주는 비타민 B_1도 풍부 – 녹말 등의 탄수화물이 약 50% 함유되어 있으며, 그 밖에 단백질이 약 20% 함유 – 신장병, 당뇨병에 효과

3. 감자 조리법

Potato Allumette	성냥개비 모양으로 잘라 Deep Fat Fry한 다음 소금으로 간을 함
Potato Anglaise	모양은 대개 Oval 형태이며, 삶거나 찜으로 해서 익혀 버터를 첨가하여 소금으로 간을 함
Potato Anna	감자를 원통으로 다듬어 얇게(2~3mm) Slice하여 원형으로 형틀(Mould)이나 팬에 겹으로 쌓고 소금, 후추, 버터를 뿌린 후 오븐에서 익힘
Potatoes Baked	감자를 씻어 물기를 제거한 후 쿠킹호일에 싸고, 팬에 소금을 깔고 감자를 위에 놓고 오븐에 구운 다음 ╋ 로 잘라서 가운데 버터와 사워크림, 다진 베이컨, Chive, 소금, 후추 등을 올림
Potato Berny	감자를 통째로 익혀 껍질을 제거한 다음 으깨어 Egg Yolk, Salt, Pepper를 첨가하여 반죽(Dough) 상태로 만들어 살구 모양으로 하여 계란에 적신 다음 Almond에 묻혀 Deep Fat Fry함. Game 요리에 많이 사용
Potato Boulangere	Roast Lamb에 사용되는 것으로 감자를 Slice하여 고기와 함께 Oven에 구움

Potato Bretonne	Garlic Chop, Onion Chop을 Saute한다. Dice로 자른 감자를 Pan에 Saute한 다음 Consomme를 첨가하여 익히고 Onion, Garlic Chop과 Diced Tomatoes를 넣고 마무리
Potato Chateau	Chateau 형태로 감자를 다듬어 Boil 또는 Saute
Potato Chips	얇게(1mm) Slice하여 Deep Fat Fry
Potato Croquette	감자를 삶아서 껍질을 제거하여 Egg Yolk, Salt, Pepper, Nutmag을 넣어 반죽(Dough) 형태로 만든 다음 길이 4cm, 지름 1.5cm 정도로 길쭉하게 다듬어 밀가루, 계란에 적시고 빵가루를 묻혀 Deep Fat Fry
Potato Dauphine	Pomme Croquette에 Pate a Chou를 첨가하여 코르크병 마개 모양으로 다듬어 Deep Fat Fry
Potato Gratin a la Dauphinoise	감자의 껍질을 벗긴 다음 2mm 정도 두께로 Slice하여 Cream을 넣고 익혀 Gruyere Cheese를 위에 뿌려 갈색으로 색깔을 낸 다음 제공 일명 Cream Potatoes라 함
Potato Duchesse	Pomme Croquette와 같이 반죽(Dough)을 만든 다음 Pastry Bag으로 모양을 내어 버터를 바르고 오븐에 구움
Potato Facie	껍질을 벗겨 속을 파낸 다음 Farcemeat를 채워 Oven에 구움
Potato Fondante	Pomme Nature 형태로 다듬어 Pan에 Stock과 Butter를 넣고 Oven에 익힘
Potato Four	감자를 통째로 Oven에 익힘
Potato Frites	French Fried Potatoes와 동일
Potato Lyonnaise	감자를 둥근 막대형으로 다듬어 Slice한 다음 Onion Slice와 함께 Pan에 볶아 제공
Potato Maitre d'hotel	Cream Potatoes에 Parsley Chop을 첨가
Potato Noisette	감자를 지름 3cm 정도의 둥근 모양으로 썰어서 기름에 튀기거나 소테
Potato Normande	감자의 껍질을 제거하고 얇게 Slice한 다음 Onion, Leek(White) Slice와 함께 Pan에 볶고 Milk와 Flour를 첨가하여 Gratin
Potato Paille	Large Julienne으로 썰어 Deep Fat Fry
Potato Parisienne	Noisette보다 약간 크게 Boil 또는 Saute
Potato Parmentier	1/2 Cube Size로 다듬어 조리

Potato Persillee	Boil Potato로 Parsley Chop을 뿌려줌
Potato Pont-Neuf	감자를 가로 세로 1.5~2cm, 길이 6cm로 썰어서 삶아낸 다음 기름에 튀김
Potato Provencale	감자를 둥근 막대 모양으로 잘라 얇게(2mm) 썰어 Butter로 garlic chop을 Saute하다가 감자를 넣고 Saute
Potato Rosette	Potato Puree를 만들어 장미꽃 모양을 낸 것
Potato Hungrarian style(Hongroise)	살짝 튀겨 Bacon과 다진 양파를 넣은 입방체로 썰어 강한 불에 살짝 익히고 스톡으로 글레이즈하여 껍질 벗겨 씨 빼고 다진 토마토, 파프리카와 섞어 부드러워질 때까지 삶아냄
Potato Old Fashioned	더치스(Duchess) 감자같이 반죽해서 Patty를 만들어 밀가루 묻혀 버터에 튀김
Potatoes Savoy	감자를 얇게 잘라서 스톡이나 콘소메와 치즈를 뿌려 오븐에 구워냄

:

Chapter 8

과일

1. 과일의 개요

과실(果實)이라고도 한다. 과육·과즙이 풍부하고 단맛이 많으며 향기가 좋다. 과일 나무는 재배지역에 따라 온대과수와 열대과수로 분류한다. 과수를 재배하기 시작한 곳은 이집트·메소포타미아·중국의 세 지역으로, 약 5000~6000년 전이다. 동아시아는 온대과수 지역으로 중국이 원산지인 종류가 많으며, 농경문화가 가장 먼저 발달한 황하유역에서 오과(五果: 복숭아·배·매실·살구·대추) 및 감·밤·개암 등을 재배하였으며, 가공품으로도 이용하였다.

과일 속에는 수분이 85~90%로 가장 많고, 단백질 1~0.5%, 지방 0.3%, 당분과 섬유질의 탄수화물 10~12%가 함유되어 있다. 무기질은 0.4%로 카로틴과 칼륨이 들어 있고, 그 밖에도 비타민 C가 가장 많이 들어 있다. 과일의 맛은 단맛·신맛이 주이고, 그 밖에 식감(食感)으로서 펙틴이 들어 있다. 이 단맛과 신맛의 균형은 완숙되었을 때가 최고이며, 미숙 상태일 때는 단맛이 적고 신맛이 많아 맛이 떨어진다.

과일에는 과당·포도당·수크로오스 등이 약 10% 함유되어 있기 때문에 단맛이 난다.

2. 과일의 분류와 종류

과육이 발달된 형태에 따라 다음과 같은 몇 가지로 분류할 수 있다.

- 인과류(仁果類): 꽃턱이 발달하여 과육부(果肉部)를 형성한 것으로, 사과·배·비파 등이 이에 속한다.
- 준인과류(準仁果類): 씨방이 발달하여 과육이 된 것으로, 감·감귤류가 이에 속한다.
- 핵과류(核果類): 내과피(內果皮)가 단단한 핵을 이루고 그 속에 씨가 들어 있으며, 중과피가 과육을 이루고 있는 것으로, 복숭아·매실·살구 등이 이에 속한다.
- 장과류(漿果類): 꽃받침이 두꺼운 주머니 모양이고 육질이 부드러우며 즙이 많은 과일로, 포도 등이 이에 속한다.
- 견과류(堅果類): 외피가 단단하고 식용부위는 곡류나 두류처럼 떡잎으로 된 것으로 밤·호두·잣 등이 이에 속한다.
- 과채류(果菜類): 열매를 이용하는 채소들로서 수박, 참외, 딸기, 멜론, 토마토 등이 이에 속한다.

1) 인과류

사과	- 쌍떡잎식물 장미목 장미과의 낙엽교목의 식물인 사과나무의 열매, 남·북반구 온대지역 원산지 - 품종은 모두 700여 종, 알칼리성 식품으로서 주성분은 탄수화물이며 단백질과 지방이 비교적 적고 비타민 C와 칼륨·나트륨·칼슘 등의 무기질이 풍부 - 비타민 C는 피부미용에 좋고 칼륨은 몸속의 염분을 내보내는 작용을 하여 고혈압 예방과 치료에 도움 - 섬유질이 많아서 장을 깨끗이 하고 위액분비를 활발하게 하여 소화를 도와주며 철분 흡수율도 높여줌. 긴장을 풀어주는 진정작용을 하여 불면증에 좋고 빈혈·두통에도 효과
배	- 사과보다 달고 씹을 때의 감촉도 더 부드러움 - 다육질의 과육 안에는 석세포라는 단단한 세포가 있어서 사과와 구별되고 석세포가 많기 때문에 장벽을 자극하여 변비 해소에 도움 - 비타민 B, C와 자당, 과당, 사과산과 소화효소 등이 들어 있고 이뇨작용, 숙취에 효과 - 소고기를 조리할 때는 신선한 배즙이나 배를 채 썰어 같이 양념하면 고기의 육질이 연해지고 고기 고유의 맛을 느낄 수 있음

비파	– 열매에는 당분, 유기산, 펩신, 비타민 A, B₁, C, 칼슘, 마그네슘, 철 등이 함유 – 열매의 열량은 100g당 47kcal이고 수분 86.7g, 탄수화물 12g, 지방 0.2g, 단백질 0.4g 등으로 구성 – 노화와 암을 예방하는 효과. 인지 기능 향상, 진해와 거담, 가래 완화, 당뇨병 예방 효과, 폐암과 구강암 발생 위험 낮춤

2) 준인과류

오렌지	– 감기예방, 피부미용(비타민 C가 풍부하여 항산화작용이 뛰어나며 면역기능을 강화, 오플라본 화합물질은 콜레스테롤을 저하시키며 혈압 강하작용에 도움) – 과육 100g 중 비타민 C가 40~60㎎이 들어 있고 섬유질과 비타민 A도 풍부해서 피로회복에 좋음, 지방과 콜레스테롤이 전혀 없어서 성인병 예방에도 도움
귤	– 비타민 C가 많아 피로회복이나 신진대사를 원활히 하여 체온이 내려가는 것을 막아주며 감기예방 및 피부미용에 좋음 – 독특한 맛을 내는 주성분은 유기산이며, 당의 함량은 품종에 따라 차이가 많으나 평균 10% 정도이고 환원당과 설탕, 포도당, 과당 등의 형태로 들어 있음 – 귤껍질에는 과육보다 4배가량의 비타민 C가 많아서 말려서 사용하면 가래를 제거하고 기침에 효과 – 비타민 C의 왕이라고 불리는 귤에는 비타민 A와 비타민 P 등이 아주 많음 – 비타민 A는 눈을 좋게 하고 비타민 P는 혈관의 저항력을 강하게 해 파괴를 방지하는 효과, 불포화지방산의 산화를 방지하고 콜레스테롤의 축적을 억제하는 비타민 E도 많아 동맥경화 예방 효과
자몽	– 열량이 낮고 비타민 C가 풍부 – 구연산 성분도 들어 있어 면역력을 높여주고 피로회복 효과, 숙취해소, 칼슘까지 뼈를 강화하는 데 효과, 성장기 어린이에 도움, 피부노화, 혈관질환 · 위장질환 개선
레몬	– 열량이 낮고 섬유질이 풍부함(100g당 20kcal이고 섬유질은 하루권장섭취량의 19%, 단백질 1g) – 비타민 C 풍부(100g에 하루권장섭취량의 51%), 티아민, 리보플라빈, 니아신, 비타민 B₆ 함유, 칼슘, 구리, 칼륨, 철분, 아연, 인 등 다양한 미네랄 함유 – 뇌졸중 위험 낮춤, 암세포 억제, 괴혈병, 피부미용, 천식, 철분 흡수 도움, 면역기능, 독소배출과 체중감량, 소화를 도와줌
라임	– 100g당 30kcal로 레몬과 비슷한 열량. 레몬보다 비타민 C는 적지만 다른 과일에 비해서는 풍부한 편 – 괴혈병의 치료, 피부건강, 노화 예방에 도움, 칼륨도 풍부한데, 칼륨은 우리 몸 안의 나트륨 성분을 배출시켜 주고 혈압을 올려주는 호르몬인 레닌의 활성을 억제하여 혈관질환 예방에 도움 – 칼슘, 인, 철분 등이 있어 뼈 건강, 빈혈 예방, 에너지 대사를 원활하게 해주는 효과

금귤	– 100g당 열량은 65kcal, 카로틴, 칼륨, 칼슘이 풍부 – 비타민 C가 다량 함유되어 있어 피부 개선, 피로 해소, 감기예방 등에 도움, 기침과 염증 완화에도 도움
유자	– 비타민 C가 레몬보다 3배나 많이 들어 있어 감기와 피부미용에 좋고, 피로를 방지하는 유기산이 많이 들어 있음 – 기관지 천식과 기침, 가래를 없애는 데 효과, 고혈압 예방 및 치료, 중풍방지, 피로회복 및 강장, 숙취해소, 칼슘 공급 및 변비 해소

3) 핵과류

복숭아	– 주성분은 수분과 당분이며 타타르산 · 사과산 · 시트르산 등의 유기산이 1%가량 들어 있고, 비타민 A와 아세트산 · 발레르산 등의 에스테르와 알코올류 · 알데하이드류 · 펙틴 등도 풍부 – 면역력, 식욕증진, 발육불량과 야맹증 효과, 장을 부드럽게 하여 변비를 없애고 어혈을 풀어줌. 껍질은 해독작용, 유기산은 니코틴을 제거하며 독성을 없애주기도 함. 발암물질인 나이트로소아민의 생성을 억제하는 성분 함유
매실	– 성분의 85%는 수분이며, 10%는 당분, 5%는 유기산 – 구연산을 포함한 각종 유기산과 비타민 등이 풍부하게 함유, 피로회복을 돕고, 해독작용과 살균작용, 피로를 풀어주며, 칼슘의 흡수를 촉진하는 역할 – 간(肝)의 해독작용, 장(腸) 속의 유해세균 번식을 억제, 식중독을 예방하고 치료하는 효과, 정장작용이 뛰어나 설사와 변비를 치료
살구	– 야맹증 예방(감귤과 같은 노란색 계통의 과일로 비타민 A가 많아 야맹증을 예방하고 혈관을 튼튼하게 하는 효과), 피부미용(씨에는 올레인산, 리놀렌산 등 불포화지방이 많아 피부 건강에 효능), 항산화 효과(베타카로틴, 케르세틴, 가바 같은 항산화 물질이 풍부하여 암 예방에도 도움) – 카로틴(프로비타민 A) 및 칼륨, 마그네슘, 칼슘, 인, 철분, 나트륨, 불소 등의 무기질이 풍부
체리	– 과일 중의 다이아몬드로 불림. 눈에 좋은 안토시아닌, 피를 맑게 해 혈액순환을 개선하고 LDL 수치와 혈압을 낮추는 효과가 있는 레스베라트롤, 수면에 도움이 되는 멜라토닌, 케르세틴과 같은 항산화물질이 풍부해 다양한 질병 예방과 노화 방지 – 수분(82%), 당분(13~17%), 칼륨, 카로틴, 엽산이 풍부하다. 비가로(bigarreau)종 100g의 열량은 77Kcal(321kJ)이며, 영국 체리는 100g당 56Kcal(234kJ)
자두	– 변비 예방(펙틴이 풍부하여 변비 예방에 효과, 인슐린의 작용을 도와 당뇨병 환자들의 인슐린 지항성을 감소) – 비타민 C와 E가 풍부하여 만성피로, 감기에 좋고 항산화 성분이 함유되어 눈 건강에도 좋고 노화방지 효과

앵두	- 피로회복(포도당과 과당이 주성분이며 유기산으로 사과산이 많이 함유되어 있어 피로회복에 효과), 혈액순환을 촉진 - 성분은 단백질 · 지방 · 당질 · 섬유소 · 회분 · 칼슘 · 인 · 철분 · 비타민(A · B₁ · C)

4) 장과류

블랙베리	- 열량은 아주 낮으며(100g당 37kcal 또는 155kJ) 비타민 B와 C가 풍부 - 항산화물질이 풍부한 식품 중에서도 함유량이 1위
불루베리	- 100g당 식이섬유가 4.5g 있고 칼슘, 철, 망간 등을 많이 함유. 시력에 좋은 안토시아닌이 포도보다 30배 이상 함유 - 뼈를 강하게 만드는 데 도움, 프테로스틸벤 성분이 풍부하게 함유되어 있어 대장의 염증을 억제하고 대장의 세포 증식도 억제
라즈베리	- 혈중 콜레스테롤 저하(라즈베리에는 수용성 식이섬유소가 풍부해 콜레스테롤을 낮추고, 다른 과일에 비해 단위 면적당 씨가 많아 심장 등에 좋은 오메가 3 지방산도 풍부) - 칼로리는 낮으며(100g당 40kcal) 펙틴이 풍부
레드커런트	- 비타민 B, C가 많이 함유되어 있어, 몸속에서 항산화 작용을 일으켜 피부재생을 도와주고, 노화를 방지해 주며, 외부로부터 유입되는 바이러스를 차단시켜 주는 역할 - 풍부한 철분으로 인해 빈혈을 예방해 주며, 적혈구 형성에 많은 도움, 염증을 완화시켜 주고, 항히스타민 성질을 가시고 있기 때문에 알레르기 예방
크랜베리	- 열매는 안토시아닌이 풍부해서 야맹증, 시력개선 등에 효과, 방광염 및 빈뇨에도 효과, 요로감염증, 피부, 구강 건강에 좋으며 소화를 돕고 면역력 강화
구스베리	- 열량이 아주 낮고(100g당 30kcal) 당도가 낮으며 칼륨, 비타민 C 및 무기질이 풍부 - 설사 완화, 장건강, 항암작용, 면역력 증진, 혈관건강, 체내의 독소 제거, 피부미용
포도	- 포도는 미네랄이 풍부한 알칼리성 식품으로 성분은 전화당, 주석산, 포도산, 타닌, 초석유산, 칼슘, 유산가리, 인산가리 등이 들어 있으며 비타민으로는 비타민 A, B, B₂, C, D 등이 풍부 - 포도의 해독작용은 우리 몸의 독성을 해소하는 역할을 하는 간의 부담을 덜어주고 파괴된 간세포를 재생시켜 간 질환을 예방, 치료
석류	- 당질(포도당 · 과당)이 약 40%를 차지하며 유기산으로는 새콤한 맛을 내는 시트르산이 약 1.5%, 껍질에는 타닌, 종자에는 갱년기 장애에 좋은 천연식물성 에스트로겐 함유 - 고혈압 · 동맥경화 예방에 좋으며, 부인병 · 부스럼에 효과

감	- 주성분은 당질(15%~16%)인데 과당과 포도당의 함유량이 많음 - 숙취의 특효약, 칼슘을 다량 함유하고 있어서 이뇨작용에도 효과적일 뿐만 아니라 카로틴과 귤의 두 배나 되는 비타민 C의 함유로 몸의 저항력을 높여주며, 감기예방에도 효과 - 혈압 강하, 당분을 내는 포도당과 과당이 많아 14%나 되며 비타민 C는 사과보다 거의 10배인 28mg%나 함유
무화과	- 변비 완화, 위장운동 촉진, 인후부, 식도, 위장관 점막의 염증 완화, 피로해소 효과, 폐기관지에 좋음

5) 견과류

밤	- 탄수화물·단백질·기타 지방·칼슘·비타민(A·B·C) 등이 풍부하여 발육과 성장에 도움, 비타민 C가 많이 들어 있어 피부미용과 피로회복·감기예방 등에 효능 - 위장기능을 강화하는 효소가 들어 있으며 성인병 예방과 신장 보호에도 효과
호두	- 동맥경화 예방(양질의 지방이 60~70%를 차지하고 리놀렌산과 비타민 E가 풍부해 동맥경화를 예방), 피부노화 방지(풍부한 지방산과 비타민 E는 항산화 작용을 도와 피부 건강에 도움)
잣	- 피부탄력 향상, 혈압 강하(올레산, 리놀레산, 리놀렌산 등 불포화지방산이 많아 피부를 윤택하게 하고 혈압을 내리게 하며, 스태미나에 도움을 주는 성분)
헤즐넛	- 염증을 억제하는 효과가 있는 섬유질과 노화방지 기능을 지닌 비타민 E가 풍부하여 심장질환 및 고혈압, 고지혈증, 당뇨병, 복부비만, 죽상동맥 경화증 등이 복합적으로 나타나는 대사성 질환 예방에 효과 - 칼슘과 철분을 충분히 함유하고 있어 뼈의 형성 및 골다공증 예방, 함유된 '베타시노스테롤'이 몸안의 콜레스테롤 수치를 낮추어주고 암세포의 활동을 억제
아몬드	- 노화 예방(비타민 E를 공급하는 최상의 식재료 중 하나이며, 강력한 산화 방지제 역할)
은행	- 혈관계 질환 예방, 혈액노화 방지(징코플라톤이라는 성분이 있어 혈액순환을 좋게 하고 혈전을 없애 혈액의 노화 방지)
피스타치오	- 콜레스테롤 저하, 심혈관질환 예방(섬유소가 풍부해 콜레스테롤 수치를 낮춤. 불포화지방산과 칼륨, 비타민 B, 철 등은 심혈관질환 예방 효과)
땅콩	- 열량이 아주 높으며(100g당 560Kcal) 몸에 이로운 불포화지방과 칼슘, 철, 비타민 E의 함량이 높음 - 불포화지방산을 많이 함유하여 콜레스테롤을 감소시켜 주고 동맥경화 예방에 도움

6) 과채류

딸기	- 비타민 C 함량은 과일 중 가장 높아서(80mg/100g) 딸기 5~6개 정도면 하루에 필요로 하는 비타민 C를 모두 섭취할 수 있을 정도 - 새콤한 맛을 내는 유기산 또한 0.6~1.5% 정도 함유 - 우유나 크림을 곁들이면 딸기에 풍부한 구연산이 우유의 칼슘 흡수를 돕고 비타민 C는 철분의 흡수를 도와 영양흡수 면에서 아주 좋음
토마토	- 적색소인 리코핀이 함유, 리코핀은 체내에서 활성화 산소를 억제하는 작용을 하기 때문에 암, 뇌졸중, 심장병 등을 예방하는 데 효과 - 비타민 C와 A가 비교적 많은 편. 비타민 C나 토마토 특유의 산미는 피로를 회복, 메스꺼운 속을 해소, 숙취 해소에도 효과, 비타민 C는 콜라겐을 만들어 혈관을 강화 - 체내의 수분을 유지해 주므로 피부미용 효과
수박	- 부족한 체내수분을 보충, 소변도 시원하게 해주며 더위로 인한 열 제거에도 도움 - 신장 결석이나 비뇨기 계통에 결석이 있는 사람들은 수박을 많이 섭취하는 게 좋음 - 수박의 속살은 꿀이나 설탕을 넣고 졸여 먹으면 허리 삔 데, 신장염, 기관지질환, 하혈 등에 도움
참외	- 구토제, 참외과실 성분 중 쿠쿠르비타신은 동물실험 결과 항암작용이 있는 것으로 증명된 바 있어 참외를 많이 먹으면 암세포가 확산되는 것을 방지할 수 있는 제암작용 - 진해, 거담작용을 하는 성분, 완화작용, 변비에도 좋고 풍담, 황달, 수종, 이뇨 등에도 효과

PART

2

실기

수험자
유의사항

❶ 만드는 순서에 유의하며, 위생과 숙련된 기능평가를 위하여 조리작업 시 맛을 보지 않습니다.

❷ 지정된 수험자 지참준비물 이외의 조리기구나 재료를 시험장 내에 지참할 수 없습니다.

❸ 지급재료는 시험 전 확인하여 이상이 있을 경우 시험위원으로부터 조치를 받고 시험 중에는 재료의 교환 및 추가지급은 하지 않습니다.

❹ 요구사항 및 지급재료의 규격은 "정도"의 의미를 포함하며, 재료의 크기에 따라 가감하여 채점됩니다.

❺ 위생복, 위생모, 앞치마, 마스크를 착용하여야 하며, 시험장비·조리기구 취급 등 안전에 유의합니다.

❻ 다음 사항은 실격에 해당하여 채점 대상에서 제외됩니다.

　가) 수험자 본인이 시험 도중 시험에 대한 포기 의사를 표현하는 경우

　나) 위생복, 위생모, 앞치마, 마스크를 착용하지 않은 경우

　다) 시험시간 내에 과제 두 가지를 제출하지 못한 경우

　라) 문제의 요구사항대로 과제의 수량이 만들어지지 않은 경우

　마) 완성품을 요구사항의 과제(요리)가 아닌 다른 요리(예, 달걀말이 > 달걀찜)로 만든 경우

　바) 불을 사용하여 만든 조리작품이 작품특성에 벗어나는 정도로 타거나 익지 않은 경우

　사) 해당과제의 지급재료 이외 재료를 사용하거나, 요구사항의 조리기구(석쇠 등)로 완성품을 조리하지 않은 경우

　아) 지정된 수험자 지참준비물 이외의 조리기술에 영향을 줄 수 있는 기구를 사용한 경우

　자) 가스레인지 화구를 2개 이상(2개 포함) 사용한 경우

　차) 시험 중 시설·장비(칼, 가스레인지 등) 사용 시 시험위원 및 타 수험자의 시험 진행에 위해를 일으킬 것으로 시험위원 전원이 합의하여 판단한 경우

　카) 요구사항에 표시된 실격 및 부정행위에 해당하는 경우

❼ 항목별 배점은 위생상태 및 안전관리 5점, 조리기술 30점, 작품의 평가 15점입니다.

❽ 시험시작 전 가벼운 몸 풀기(스트레칭) 동작으로 긴장을 풀고 시험을 시작합니다.

Chapter 1

Breakfast(브렉퍼스트, 조식요리)

1. 아침식사(Breakfast)

1) 아침식사(Breakfast)의 개요

사람이 하루의 일과를 시작하면서 가장 먼저 접하게 되는 것이 아침식사이며, 이를 통하여 우리 몸이 필요로 하는 영양분을 흡수하게 된다. 이러한 점에서 가장 중요한 식사라 할 수 있다. 전날 저녁식사로부터 대략 10~12시간의 공백을 둔 상태이기 때문에 아침식사의 내용은 위에 부담을 주지 않는 부드러운 메뉴가 바람직하며, 열량 면에서는 하루를 시작하는 식사인 만큼 고열량의 요리가 제공되는 것이 좋다.

2) 아침식사(Breakfast)의 종류

- **American Breakfast**

Juice, Egg dish with Bacon, Ham or Sausage, Toast and Coffee or Tea로 구성

- **Continental Breakfast**

Juice, Toast Bread, Coffee or Tea로 구성

– Vienna Breakfast

Sweet Roll or Danish Pastry, Soft Boiled Egg, Coffee or Milk로 구성

– English Breakfast

Juice, Cereal, Fish, Egg, Toast Bread, Beverage로 구성

– Breakfast Buffet

Breakfast Buffet는 다른 Buffet Menu와 달리 신선하고 부드러운 식자재를 주로 사용하여 조리한 음식이어야 한다. 또한 고객에게 신선감을 주기 위해 여러 종류의 싱싱한 야채나 과일을 이용하여 Buffet Table을 장식하는 것이 좋다.

Breakfast Buffet Menu에 다음과 같은 요리를 준비한다.

① Egg: Scrambled, Fried, Boiled, Poached Egg, Omelets

② Meat: Ham, Bacon, Sausage, Corn Beef Hash, Creamed Beef, Cold Cut, Roast Beef

③ Pastry: Toast, Danish, Croissant, Rye Bread, Doughnuts, Blueberry Muffin

④ Chilled Fruit Juice: Orange, Tomato, Mango, Grapefruit, Pineapple, Apple, Grape, Cranberry Juice, Hot or Cold Milk

⑤ Salad: Lettuce, Tomato, Cucumber, Potato, Corn Salad, Kidney Beans, Asparagus, Tuna Salad, Sausage Salad, Chicken Salad

⑥ Potatoes: Hash Brown Potato, Round about Potato, French Fried, Potato au Gratin, Potato Patties

⑦ Hot Vegetable: Vichy Carrot, Asparagus, Green Beans, Whole Sweet Corn, Baby Corn, Green Peas, Kidney Beans, Broccoli, Sprouts, Buttered Turnips

⑧ Cereals

　　Cold: Corn flake, Rice Crispies, Shredded Wheat, Raisin Bran

　　Hot: Oatmeal, Cream or Wheat

⑨ Fresh Fruits: Apple, Pears, Strawberry, Melon, Watermelon, Mandarin Orange,

Grape

⑩ Can Fruits : Grapefruit Section, Pineapple Slice, Pear, Yellow Peach, Fruit Cocktail, Mandarin, Orange

⑪ Soup : Minestrone, Carrot Soup, Mushroom Soup, Chicken Cream Soup, Asparagus Soup, Sweet Corn Chowder

⑫ Jam : Orange Jam, Strawberry Jam, Honey Portion, Apple Jelly, Grape Jelly, Peach Jam, Apricot Jam

⑬ Cheese : Emental, Edam, Gruyere, Brie, Feta, Camembert, Cream cheese, Blue cheese

⑭ Portion Butter

3) 아침식사(Breakfast)의 구성

(1) 계란(Egg)

아침식사에서 계란요리는 대개 1인분에 2알로 한다. 그 외 특별한 경우 Omelet 또는 다른 요리를 할 때 3알을 사용하는 경우도 있다. 계란 요리를 할 때 식용유를 사용하는데, Clarified Butter를 사용하면 더욱 좋다.

계란 조리 시 사용하는 Frypan은 충분히 가열되어야 하며, 바닥면이 매끄러워야 하고 조리 후 물로 세척하면 안 된다.

① Fried Eggs

일반적으로 Fried egg하면 Over easy를 말하며 대개 손님이 주문할 때는 Over Light, Over Medium, Over Hard 등으로 주문한다. 조리방법은 pan에 기름을 약간 넣고 120℃ 정도가 되면 계란을 넣고 Fry한다. 계란을 넣을 때 노른자가 파손되지 않도록 해야 하며 1~2분 정도 지나 흰자가 1/2 정도 익으면 뒤집어야 한다.

- **Over Light**는 흰자만 약간 익힌 것이다.
- **Over Medium**은 흰자가 익고 노른자가 약간 익은 것을 말한다.

- Over Easy

'써니-사이드-업'을 뒤집어서 흰자를 익혔으나 노른자는 익지 않은 상태를 '오버-이지'라고 한다.

- Over Well Done

'오버-이지'의 노른자가 터지지 않고 익은 상태를 '오버-웰던'이라고 한다.

- Over Hard

프라이할 때 흰자가 어느 정도 익으면 노른자를 터뜨려 뒤집는다. 노른자와 흰자가 완전히 익은 상태를 '오버-하드'라고 한다.

② Sunny Side Up

계란 프라이용 프라이팬이 충분하게 달구어졌을 때, 식용유를 바르고 계란을 넣는다. 노른자는 익히지 않고 흰자만 익혀서, 태양을 연상하게 하는 프라이를 '써니-사이드-업'이라고 한다. 이것은 계란을 Fried할 때 뒤집지 않고 한쪽만 익히는 것을 말한다. pan에 기름을 약간 넣고 pan이 뜨거울 때 계란을 넣고 흰자가 약간 익으면 Oven, Salamander에 잠시 넣어서 익힌다. 굽기 정도에 따라 Light, Medium, Hard가 있다.

③ Scrambled Eggs

계란을 적당한 그릇에 깨뜨려 넣고 계란 2알이면 1Spoon 정도의 Milk 또는 Fresh Cream을 넣고 잘 휘저은 다음 Frypan에 기름을 넣고 가열한다. 계란을 넣고 빨리 휘저어야 한다. 너무 오랫동안 조리하면 단단해지므로 부드러워졌을 때 조리를 마무리해야 한다.

④ Boiled Eggs

Boiled Eggs는 많은 손님이 아침식사로 주문하기 때문에 조리할 때 주의해야 한다. Boiled Eggs는 대개 Soft, Medium, Hard 등으로 구분하여 조리한다. 물론 계란의 크기에 따라 다소의 차이가 있으나, Soft는 끓는 물에 3~4분 정도, Medium은 5~6분 정도,

Hard는 10~12분 정도이다.

Boiled Eggs는 조리할 때 깨끗한 것으로 골라서 해야 하며 끓는 물에 넣을 때 깨지지 않게 주의해야 한다. 요즈음 호텔에서는 자동 Boiled Eggs Machine을 사용한다. 이 기계는 계란을 넣고 원하는 시간을 조절하여 놓으면 계란이 자동적으로 위로 올라오게 되어 있다.

특히 서양 사람들은 자기 식성에 맞는 Boiled Eggs를 주문하기 때문에 시간이 경과되면 좋아하지 않는다. 그러므로 정확한 시간을 맞춰야 한다.

⑤ Poached Eggs

Poached Eggs를 만들 때는 물 1ℓ에 소금 1/2Tbsp과 식초 1½Tbsp을 넣고 물의 온도를 210~220℉ 정도로 약하게 끓이는 것이 좋다. 너무 강하게 끓으면 계란의 흰자가 풀어질 염려가 있다. 계란을 넣을 때는 작은 그릇에 옮겨 놓았다가 물이 뜨거워지면 살며시 놓아야 한다.

계란을 넣고 3~4분이면 Soft, 5~6분이면 Medium, 8~9분이면 Hard Poached Egg가 된다. 손님에게 Serve될 때는 대부분 작은 접시나 Toast 위에 얹어 감자요리와 함께 나간다.

⑥ 오믈렛(Egg Omelet)

계란(3개)을 잘 섞은 다음, 프라이팬에 버터를 녹이고 붓는다. 낮은 온도에서 나무젓가락으로 저으면서, 반쯤 익었을 때 타원형으로 롤링(Rolling)한다. 이것이 기본 오믈렛이며 플레인 오믈렛이라 한다. 좀더 진보된 것으로 Ham Omelet, Bacon Omelet, Mushroom Omelet, Cheese Omelet, Spanish Omelet 등이 있다. 햄 오믈렛은 계란을 롤링할 때 잘게 썬 햄을 볶아서 넣고, 버섯 오믈렛은 계란을 롤링할 때 Sliced Mushroom을 볶아서 넣는다. 베이컨 오믈렛은 계란을 롤링할 때 Sliced Bacon을 볶아서 기름을 제거하고 넣는다. Omelet는 따뜻할 때 제맛이 나므로 만든 즉시 서빙한다.

(2) 시리얼(Cereal)

쌀(Rice), 귀리(Oats), 밀(Wheat), 옥수수(Corn), 기장(조, Millet), 보리(Barley) 호밀(Rye), 수수(Sorghum), 메밀(Buckwheat) 등과 같은 곡류는 무기질, 비타민, 탄수화물, 단백질과 같은 영양소를 골고루 함유하고 있으며 인간에게 풍부한 식량을 제공하고 있다. 시리얼이라고 하면, 대개 아침과 점심에 먹는 곡물 요리로, 찬 시리얼과 더운 시리얼이 있다.

① 건시리얼(Dry Cereal)

각종 곡류를 가열조리하지 않고도 먹을 수 있도록 가공된 것(ready-to-serve)으로 장기간의 저장이 가능하다. 찬 우유나 설탕, 과일 등을 섞어 바로 먹을 수 있는 것으로 Corn flakes, Corn Frost, Honey Pops, Rice Crispy, Frosted Flakes, Shredded Wheat 등이 있다.

유럽인들이 많이 먹는 정통(Standard) 무슬리(Muessli)는 원래 가공된 Oats-meal이나 맥아(Wheatgerm)를 우유, 아몬드, 바나나, 사과, 당근(Grated Carrots), 개암(Hazel Nut), 호두 등과 함께 우유나 요구르트, 또는 오렌지 주스나 그레이프후르트 주스에 꿀과 함께 섞어 차게 해서 먹는다. 최근에 유행하는 건강식 무슬리(Fitness Muessli)는 설탕이나 꿀, 또는 우유나 휘핑크림 대신에 주스류를 이용한다.

② 더운 시리얼(Hot Cereal)

시리얼을 우유나 스톡으로 가열 조리한 것(Cooked-cereal)으로 Oatmeal, Cream of Wheat, Wheat Meal 등이 있다. 설탕이나 생크림을 첨가하기도 하며, 끓여서 죽처럼 만든다.

(3) 주스(Juice, Jus)의 종류

신선한 계절과일을 이용하여 즉석에서 만든 주스는 과일의 향이나 맛과 영양이 그대로 유지된다. Juice는 크게 나누어 Fresh Juice와 Can Juice가 있다.

① Fresh Juice : Orange, Strawberry, Tomato, Apple, Grapefruit, Kiwi, Pineapple, Melon, Vegetables

② Can Juice : Orange, Pineapple, Tomato 등 각종 과일, 야채를 이용 Can 제품으로 가공한 Juice

(4) 과일(Fruits)

① 장과류(Berries): 블랙베리(Blackberries), 딸기(Strawberries), 크랜베리(Cranberry), 블루베리(Blueberries), 건포도(Raisin), 청포도(Green Grape), 포도(Black Grape) 등

② 밀감류(Citrus Fruits): 자몽(Grapefruit), 금귤(낑깡; Kumquat), 오렌지(Orange), 레몬(Lemon), 라임(Lime), 밀감(Tangerines, Mandarin) 등

③ 열대과일류(Exotic Fruits): 파인애플(Pineapple), 파파야(Papaya), 바나나(Banana), 아보가도(Avocado), 야자(Coconut), 망고(Mango) 등

④ 견과류(Hard-shelled Fruits): 피스타치오(Pistachio nut), 헤즐넛(Hazelnut), 밤(Chestnut), 아몬드(Almond), 호두(Walnut) 등

⑤ 종과류(Seed Fruits): 사과(Apple), 배(Pear) 등

⑥ 핵과류(Stone Fruits): 살구(Apricot), 올리브(Olive), 체리(Cherry), 복숭아(Peach), 대추(Prune), 자두(오얏; Plum)

⑦ 기타 과일류: 감(Persimmons), 무화과(Fig), 다래(Kiwi), 수박(Watermelon), 멜론(Melon), 머스크 멜론(Musk Melon), 허니-멜론(Honeydew Melon) 등

(5) 빵(Bread)류

밀가루로 만든 흰색의 Toast Bread를 가장 많이 애용하며, Brown Bread, Rye Bread, Muessli Bread 등도 토스트용으로 제공된다. Soft Roll, Hard Roll, French Bread 등도 빵(Bread)류로 제공된다. 여기에 버터와 잼을 곁들여 먹기도 한다.

단(甘)빵(Sweet Bread)으로는 크라상(Croissants), 브리오쉬(Brioche), 스위트 롤

(Sweet Roll), 과일 머핀(Fruit Muffins), 도넛(Doughnuts), 데니쉬 패스트리(Danish Pastry)등이 있다. 그 외에도 팬케이크, 와플, 후렌치 토스트, 시나몬 토스트 등이 있다.

(6) 기타

① **치즈**: 치즈는 적은 양으로 많은 영양과 열량을 제공하며 특유의 향과 맛이 있다. 조식용 치즈로 향이 강한 스트롱 치즈의 제공을 될 수 있으면 삼가고, 냄새나 향이 부드러운 마일드 치즈류를 제공하는 것이 좋다. 이른 아침부터 강한 냄새가 나는 음식 먹는 것을 좋아할 사람은 그리 많지 않을 것이다. 치즈에 관한 자세한 내용은 치즈편을 참고하기 바란다.

② **야채**: 아침에 먹는 야채에는 '사우전-아일랜드-드레싱'을 곁들인 양상추나 간단한 렐리쉬를 제공한다.

③ **콜 컷**: 여러 종류의 Cold Cut Sausage류를 제공한다.

④ **육류**: 비프 버거(Beef Burger)나 서로인 스테이크(Sirloin Steak), 햄 스테이크(Ham Steak), 콘 비프(Corned Beef)와 해쉬 브라운 포테이토(Hash Brown Potato) 등이 제공되기도 하지만 점심이나 저녁에 비하여 매우 작은 100g 내지 120g 크기로 제공한다. 물론 이것들을 적절하게 조리하고 여러 가지 가니쉬들을 곁들여 서브된다.

⑤ **음료**: 조식용 음료는 커피와 티가 주종을 이루고 있다. 주스류는 앞에서 언급한 바 있으며, 그 외에도 우유, 쉐이크, 코코아 등이 있다.

Cheese Omelet
치즈 오믈렛

재료목록

- 달걀 3개
  - 치즈(가로세로 8cm) 1장
  - 버터(무염) 30g
  - 식용유 20mL
  - 생크림(동물성) 20mL
  - 소금(정제염) 2g

요구사항 ※ **주어진 재료를 사용하여 다음과 같이 치즈 오믈렛을 만드시오.**

❶ 치즈는 사방 0.5cm로 자르시오.
❷ 치즈가 들어가 있는 것을 알 수 있도록 하고, 익지 않은 달걀이 흐르지 않도록 만드시오.
❸ 나무젓가락과 팬을 이용하여 타원형으로 만드시오.

조리기구 코팅된 오믈렛 팬, 나무젓가락, 고운체, 믹싱볼, 거품기, 칼, 도마, 행주, 계량컵, 계량스푼

만드는 법

1 치즈를 가로세로 0.5cm 정도로 썰어 놓는다.

2 믹싱볼에 달걀 3개를 깨뜨려 넣고 소금과 생크림을 첨가하여 흰자와 노른자가 잘 섞이도록 풀어서 고운체에 걸러 놓는다.

3 달구어진 오믈렛 팬에 버터와 식용유를 두른 다음 풀어 놓은 계란과 절반 정도의 치즈를 섞어 넣고 팬을 움직이면서 고르게 반숙이 되도록 나무젓가락으로 빠르게 저어 스크램블을 만든다.

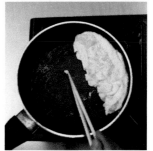

4 프라이팬 손잡이의 반대쪽인 팬 앞쪽으로 달걀 반숙이 모이게 스크램블을 하고 남은 치즈를 가운데 넣고 반숙된 상태에서 타원형이 되도록 만든다.

Spanish Omelet
스페니시 오믈렛

재료목록

- 토마토(중, 150g) 1/4개
- 양파(중, 150g) 1/6개
- 청피망(중, 75g) 1/6개
- 양송이(10g) 1개
- 베이컨(길이 25~30cm) 1/2조각
- 토마토케첩 20g
- 검은 후춧가루 2g
- 소금(정제염) 5g
- 달걀 3개
- 식용유 20mL

- 버터(무염) 20g
- 생크림(동물성) 20mL

요구사항　※ 주어진 재료를 사용하여 다음과 같이 스페니시 오믈렛을 만드시오.

❶ 토마토, 양파, 청피망, 양송이, 베이컨은 0.5cm의 크기로 썰어 오믈렛 소를 만드시오.
❷ 소가 흘러나오지 않도록 하시오.
❸ 소를 넣어 나무젓가락과 팬을 이용하여 타원형으로 만드시오.

조리기구　코팅된 오믈렛 팬, 나무젓가락, 고운체, 믹싱볼, 나무주걱, 거품기, 칼, 도마, 행주, 계량컵, 계량스푼

만드는 법

1　양송이는 껍질을 제거하고 토마토는 씨와 껍질을 제거한다.

2　양파, 청피망, 토마토, 양송이를 가로세로 5×5mm 로 썰어 놓는다.

3　베이컨도 수축되는 것을 감안하여 야채보다 약간 크게 썬다.

4　믹싱볼에 달걀 3개를 깨뜨려 넣고 소금, 생크림을 첨가하여 흰자와 노른자가 잘 섞이도록 풀어서 체에 걸러 놓는다.

5　프라이팬을 달군 다음 약간의 식용유를 두르고 베이컨을 넣고 볶다가 야채를 잠시 볶은 후 토마토케첩을 넣어 볶고 소금, 검은 후추로 간을 한다.

6　오믈렛 팬에 버터와 식용유를 두른 다음 풀어놓은 달걀을 넣고 팬을 움직이면서 고르게 반숙이 되도록 나무젓가락으로 빠르게 저어 스크램블을 만든다.

7　프라이팬 손잡이의 반대쪽인 팬 앞쪽으로 달걀 반숙이 모이게 스크램블을 하고 반숙된 상태의 달걀 중앙에 5를 넣어 타원형으로 만든다.

Chapter 2

Appetizer(애피타이저, 전채요리)

1. 전채요리의 유래 및 어원

러시아에서 연회를 하기 전에 별실에서 기다리는 참석자들에게 주류와 함께 간단한 요리를 제공한 데서 시작되었다고 하는 설이 있으며 16세기 초기 이탈리아에서 전채가 여러 요리와 함께 프랑스로 건너갔다는 설과 13세기 Marco Polo가 중국을 두 번 왕래하면서 중국의 냉채요리를 모방하여 Hors d'oeuvre를 창안했다는 설이 있다.

Hors d'oeuvre(오르되브르)는 식사 전에 나오는 모든 요리의 총칭으로 Hors(오르)는 "앞"을 의미하고, oeuvre(외브르)는 "작업", "식사"를 의미한다.

식사 전에 제공되는 점에서의 목적은 당연히 식욕자극제의 역할을 다하여야 하므로 Appetissant(식욕을 일으킴)라든지, Appetizer(식욕 촉진물)라는 뜻을 가지게 되었다.

영국, 미국에서는 애피타이저(Appetizer), 북유럽에서는 스모가스보드(Smogas-bord), 중국에서는 리앵반(冷盆), 러시아에서는 자쿠스키(Zakuski)라 부르고 있다.

중국의 전채는 신선한 전복, 해삼, 닭고기, 해파리 같은 것과 오이, 배추 같은 채소를 채 썰어 넣고 차게 해서 먹는 냉채를 말한다.

러시아에는 식당 옆에 찬장이 있는데 그 안에는 과자, 생선, 그 외의 요리들을 작게 만들어 진열해 놓았다. 식사하기 위하여 식탁에 앉기 전에 독한 리큐르 술을 마시며 찬장에 있는 요리를 먹는데 그 찬장의 이름이 자쿠스키이다.

2. 전채요리의 개요

전채요리는 식욕을 돋우는 요리이다. 전채요리는 음식에 대한 기호, 먹고 싶은 욕구, 배고픔이 음식에 대한 심리학적인 욕구를 일으키는 심리적인 본체를 충족시키는 요리이다. 서양에서는 본능적인 욕망은 한 음식에 대한 미각을 나타내고 식욕(appetit)을 일으켜 입맛을 자극한다고 생각했다. 그래서 사람들이 양념으로 사용했던 실파, 작은 양파 등을 애피타이트(appitit)라고 불렀다. 왜냐하면 이런 것이 식욕을 자극했기 때문이다.

전채는 오늘날 양식에서 빼놓을 수 없는 중요한 사명을 띠고 있다. 따라서 Hors d'oeuvre(오르되브르)는 언제나 그 조리법이 다양하고 재치 있는 기술을 구사하여 시각과 미각을 동시에 끌 수 있도록 꾸며져야 한다. 칵테일 파티나 칵테일 디너가 있는 경우 꽃 장식과 더불어 안주로 제공되고 있다. 여기에 마른안주도 곁들여진다.

3. 전채요리의 특징

- 모양이 좋고(시각), 맛이 있으며(미각), 주요리와 균형이 잡히도록 고려해야 함
- 짠맛과 신맛이 가미되어 그 자극으로 타액의 분비를 촉진시켜 식욕을 돋우어야 함
- 계절감이나 지방색이 풍부하여 고객에게 특별한 고유미가 풍겨야 함
- 소량이어야 함(앙뜨레보다 양이 적어야 함)

4. 전채의 종류

Hors d'oeuvre(오르되브르)요리는 더운 것(Choud, 쇼), 찬 것(Froid, 프로와)으로 분류하고 플레인(plain)과 드레스트(dressed)로 나눌 수 있다. 여기서 플레인은 햄 카나페(ham canape), 생굴, 양파, 피클(pickle), 캐비아 카나페(caviar canape), 곡류와 올리브, 토마토, 렐리시(relish), 살라미(salami), 소시지, 새우 카나페, 안초비(anchovies), 치즈, 과일, 거위간(foie gras), 연어 등 가공하지 않은 재료 그대로 만들며 형태와 모양과 맛이 그대로 유지되는 것을 말한다. 드레스트는 요리사의 아이디어와 기술로 가공되어, 모양, 형태는 바뀌어도 그 맛은 그대로 유지되는 것, 즉 과일주스, 칵테일, 간 소시지 카나페(Liver sausage canape), 육류 카나페(Chopped beef canape), 게살 카나페(Crabmeat canape), 미트볼(Parmesan meatball), 소시지 말이(Sausage roll), 구운 굴(Baked oyster), 계란 채운 것(Egg stuffed) 등을 말한다.

다시 세분하면 Canape, Hors d'oeuvre, Cocktail, Relish, Snack, Appetizer Salad 등으로 나눌 수 있다.

1) Canape

빵이나 크래커 등을 이용하여 생선, 생선알, 안초비, 채소, 햄, 스모크 살몬, 치즈, 캐비아, 이꾸라, 생선무스, 닭, 고기, 소시지, 피클, 계란, 새우, 치즈 등의 재료를 얹어서 한입에 넣을 수 있도록 작게 Open Sandwich형태로 만든 것을 말한다.

2) Hors d'oeuvre

계란, 육류, 해조류, 야채류, 가금류 등을 재료로 해서 한입에 넣을 수 있도록 작게 만든 것으로 찬 것과 더운 것으로 나눈다.

차가운 것으로는 Stuffed Egg, Celery, Tomato, Cucumber, Mushroom 등이 있고, 더운 것으로는 Oyster Gratine, Snail 등이 있다.

3) Cocktail

주로 식탁에 제공되며 강하고 짜릿한 맛과 향 그리고 신맛이 특징이며 작게 썰어서 많이 씹지 않도록 해야 한다.

Tuna, Shrimp, Lobster, Crab meat, Shellfish, Fruit, Vegetable, Juice 등으로 만들 수 있다.

4) Relish

채소를 손가락 모양으로 예쁘게 만들어 마요네즈 소스, 여러 가지 딥(Dip) 등과 곁들여 주는 것을 말한다. 재료로는 셀러리, 무, 올리브. 피클, 당근, 오이, 브로콜리, 콜리플라워, 방울토마토 등을 사용한다

5) Snack

Potato Chip, Corn Chip, Craker, Peanut, Raisin, Walnut, Mixed nut 등을 이용해서 접시에 담아낸다.

6) Appetizer Salad

피클, 청어, 훈제연어, 생선, 닭간 무스 등을 여러 가지 야채와 드레싱, 양념을 이용하여 만들어 제공한다.

Shrimp Canape
쉬림프 카나페

재료목록

- 새우(30~40g) 4마리
- 식빵(샌드위치용) 1조각
  (제조일로부터 하루 경과한 것)
- 달걀 1개
- 파슬리(잎, 줄기 포함) 1줄기
- 버터(무염) 30g
- 토마토케첩 10g
- 소금(정제염) 5g
- 흰 후춧가루 2g
- 레몬 1/8개(길이(장축)로 등분)

- 이쑤시개 1개
- 당근 15g
  (둥근 모양이 유지되게 등분)
- 셀러리 15g
- 양파(중, 150g) 1/8개

요구사항 ※ **주어진 재료를 사용하여 다음과 같이 쉬림프 카나페를 만드시오.**

❶ 새우는 내장을 제거한 후 미르포아(Mirepoix)를 넣고 삶아서 껍질을 제거하시오.
❷ 달걀은 완숙으로 삶아 사용하시오.
❸ 식빵은 직경 4cm의 원형으로 하고, 쉬림프 카나페는 4개 제출하시오.

조리기구 프라이팬, 자루냄비, 계량컵, 계량스푼, 버터 나이프, 이쑤시개, 칼, 도마, 행주

만드는 법 1 파슬리를 씻어 찬물에 담가놓는다.

2 자루냄비에 달걀이 충분히 잠길 정도의 물을 넣고 끓으면 소금을 넣은 다음 달걀을 넣어 노른자가 중앙으로 오도록 굴려가면서 12~13분 동안 삶아 꺼내고 찬물에 담가 식혀 놓는다.(찬물에서 시작할 경우 15분간 삶고 물이 끓을 때 시작해서 12~13분간 삶음)

3 이쑤시개를 이용해 새우의 내장을 제거한 후 자루냄비에 물, 양파, 당근, 셀러리, 파슬리 줄기, 레몬즙, 소금을 넣어 야채의 향이 우러나도록 끓인 후 껍질째 삶아 식혀 놓는다.(너무 끓는 물에 삶거나 오래 삶지 않도록 함)

4 식빵은 4등분해서 각진 부분을 잘라내고 4cm 원형으로 만든 다음, 은근히 달구어진 팬에 앞뒷면을 구워 놓는다.

5 삶은 달걀은 껍질을 벗겨 0.5cm의 두께로 잘라 놓는다.(바닥에 깨끗한 행주를 깔고 달걀이 충분히 식은 후에 잘라야 붙거나 모양의 변형을 방지할 수 있음)

6 구운 식빵에 버터를 바른 후 그 위에 달걀을 올려 놓는다.

7 삶은 새우는 껍질을 제거한 후 구부린 상태에서 등쪽 첫 번째 마디부터 마지막 마디까지 칼집을 넣어 모양을 만든 후 달걀 위에 올린 뒤 가운데 토마토 케첩을 놓고 파슬리로 장식한다.

Tuna Tartar
참치 타르타르

재료목록

- 붉은색 참치살 80g(냉동지급)
  - 양파(중, 150g) 1/8개
    - 그린올리브 2개, 케이퍼 5개
    - 올리브오일 25mL
    - 레몬 1/4개(길이(장축)로 등분)
    - 핫소스 5mL
  - 처빌 2줄기(fresh)
- 꽃소금 5g, 흰 후춧가루 3g
  - 차이브 5줄기(fresh, 실파로 대체가능)
- 롤라로사(lollo rossa) 2잎(꽃(적)상추로 대체가능)
- 그린치커리 2줄기(fresh)
- 붉은색 파프리카 150g(1/4개)(길이 5~6cm)

- 노란색 파프리카 150g개(1/8개)
  (길이 5~6cm)
- 오이(가늘고 곧은 것, 20cm) 1/10개
  (길이로 반을 갈라 10등분)
- 파슬리(잎, 줄기 포함) 1줄기
- 딜 3줄기(fresh)
- 식초 10mL
- **지참준비물 추가**
- 테이블스푼 2개(퀜넬용, 머릿부분 가로 6cm
  세로(폭) 3.5~4cm)

요구사항 ※ **주어진 재료를 사용하여 다음과 같이 참치 타르타르를 만드시오.**

❶ 참치는 꽃소금을 사용하여 해동하고, 3~4mm의 작은 주사위 모양으로 썰어 양파, 그린올리브, 케이퍼, 처빌 등을 이용하여 타르타르를 만드시오.

❷ 채소를 이용하여 샐러드부케를 만들어 곁들이시오.

❸ 참치타르타르는 테이블스푼 2개를 사용하여 퀜넬(quenelle)형태로 3개를 만드시오.

❹ 채소 비네그레트는 양파, 붉은색과 노란색의 파프리카, 오이를 가로세로 2mm의 작은 주사위 모양으로 썰어서 사용하고, 파슬리와 딜은 다져서 사용하시오.

조리기구 믹싱볼, 거품기, 계량컵, 계량스푼, 테이블스푼, 칼, 도마, 행주, 키친타월

만드는 법 1 처빌, 차이브, 롤라로사, 그린치커리, 파슬리, 딜은 물에 씻어 찬물에 담가놓는다.

2 3% 정도의 꽃소금물을 만들어 참치를 넣고 1분간 담가놓은 후 꺼내 마른 천이나 키친타월로 감싸준다. 살짝 해동되면 참치살을 3~4mm 정도 주사위 모양으로 썰어놓는다.

3 양파, 오이, 붉은색, 노란색 파프리카를 2mm의 주사위 모양으로 썰어 놓고 파슬리와 딜은 곱게 다져 찬물에 씻어 물기를 제거한다.

4 그린올리브, 케이퍼, 처빌을 다진 후 올리브오일, 레몬즙, 핫소스, 소금, 흰 후춧가루를 넣어 드레싱을 만들어 썰어 놓은 참치살에 넣어 혼합한다.

5 식초, 정제소금, 흰 후춧가루를 넣고 올리브 기름을 조금씩 넣으면서 저어주고 양파, 붉은색, 노란색 파프리카, 다진 딜, 다진 파슬리를 넣고 섞어 채소 비네그레트를 만든다.

6 차이브, 롤라로사, 그린치커리, 그린비타민, 물냉이, 길이로 자른 파프리카, 처빌, 딜을 이용하여 부케를 만들고 속을 판 오이에 꽂아준다.

7 접시 중앙에 부케를 놓고 테이블스푼 2개를 이용하여 참치살을 퀜넬 모양으로 3개 만들어서 접시에 담고 채소 비네그레트를 뿌린다.

Chapter 3

Soup(수프)

1. 수프(Soup, Potage)의 개요

Potage는 육류 요리처럼 하나의 요리였으나, 그 이후 점차 의미가 축소되어 오늘날에는 Main Dish를 먹기 전 취하는 코스의 메뉴로 변화되었다.

Potage란 영어로 Soup를 의미하여, 이 Soup란 단어의 어원은 중세 프랑스에서는 빵을 의미하였다. 그 당시 사람들은 Broth, Wine, Sauce 등을 Soupe란 빵에 부어 먹었다 한다. 조리방법에 있어서 체로 거르거나 농축시키지 않고, Rice, Noodle, Vegetable, Meat 등으로 걸쭉하게 만든 Potage를 의미한다. Potage는 Meat, Vegetable, Stock을 이용해서 만든 유동식이라 할 수 있으며, 기본적으로 Bouillon + Liaison + Main Element 등으로 구성되어 있다.

수프는 육류, 생선, 뼈, 채소 등을 단독 또는 결합하여 향신료를 넣어 찬물에 약한 불로 천천히 삶아 우려낸 국물(육수)을 기초로 하여 만든 국물이 있는 요리이다. 서양요리에는 국물이 주가 되는 것과 건더기가 주가 되는 수프가 있는데 뒤따르는 주식요리에 잘 맞아야 한다. 가벼운 콘소메 수프는 식욕을 촉진하고 건더기가 많은 헝가리안 굴라시 수프는 위를 채워 주기 때문에 주요리로 대용되기도 한다. 일본에는 수프가 다시로 불리는데 계절에 따라 알맞은 건더기를 넣어 먹기도 한다. 수프는 어느 나라든지 주식요리 먹기 전에 먹는 식욕촉진 역할을 하고 있다. 프랑스에서도 옛날에 수프가 중간에 제공되곤 했는데 에스코피에가 주식요리 먹기 전에 먹는 것으로 규정지었다. 수프는 일반적으로 질기거나 양이 너무 많으면 안 된다. 진한 수프는 담백한 생선요리에 알맞고 고기 요리엔 맑은 콘소메 수프가 이상적이긴 하나 동양 사람들은 입맛이 서양과 달라 진한 수프를 선호하는 경향이 많다.

원래 수프의 총칭은 포타주(potage)라고 부른다. 불어에서 나온 용어인데 어원적으로 보면 pot에서 익힌 요리라는 의미와 얇게 썰어 빵 위에 국물을 부어 먹었다는(tremper la soupe) 두 단어의 합성어로 potage라고 쓰인다. 이후 18세기경에 포타주(potage)는 soupe(불어), soup(영어)로 공통적으로 불리게 되었다.

2. 수프의 기원

수프의 기원은 여러 가지 설이 있지만 그중에서 프랑스에서 전해져 오는 포타주(Potage) 생산에 사용되는 빵의 일종이 변하여 수프가 되었다는 것이 가장 설득력이 있다. 로마시대의 식생활을 살펴보면 단단한 빵에 포도주를 적셔서 먹는 것을 자주 볼 수 있는데 이것은 그 당시 빵 만드는 기술이 현대와 같이 발달되어 있지 않았기 때문에 빵이 조금만 시간이 흘러도 굳어져 포도주나 육즙에 담갔다 부드러워지면 그때 먹었던 것으로 보인다. 그렇지만 이것이 곧 수프라고 하기에는 거리감이 있는 것은 사실이다. 프랑스 시대에 접어들어 요리의 양이 많아지고 요리를 제공하는 시간이 길어지면서 수프를 먹는 데도 오랜 시간 동안 대화를 나누며 먹었다고 한다.

3. Soup의 분류

Soup의 종류는 온도에 따라 Hot Soup(Potage Chaud)와 Cold Soup(Potage Froid)로 나누며, 농도에 따라 Clear(Claire)와 Thick(Lie)으로 나눈다. 이것을 미국식 분류법에 의해서 구분하면 다음과 같다.

1) Clear Soup

Clear Stock 또는 Broth를 사용하며 농축하지 않는다.

- Consomme : Beef Consomme, Chicken Consomme, Fish Consomme, Game Consomme
- Broth or Bouillon : Beef Broth, Chicken Broth, Game Broth
- Vegetable Soup : Minestrone

2) Thick Soup

Liaison을 사용하여 걸쭉한 상태의 Soup

- Cream : Bechamel : Roux + Milk, Cream
           Veloute : Roux + Stock
- Potage : 일반적으로 콩을 사용하여 Liaison을 사용하지 않고 콩 자체의 녹말 성분을 이용하여 걸쭉하게 만든 soup를 의미하며, 또한 Veloute, Puree로 만든 걸쭉한 Soup를 의미하기도 함
- Puree : 야채를 잘게 분쇄한 것을 Puree라 하며, Bouillon과 결합하여 Soup를 만든다. Cream을 사용하지 않음
- Chowder : Fish 또는 Shell Fish와 Potato를 이용하여 만드는 Soup
- Bisque : Shell Fish로 만드는 진한 어패류 Soup

3) Cold Soup

Cold Consomme, Melon Soup, Gazpacho 등의 야채, 과일로 만든 찬 Soup로 여름철에 많이 이용한다.

4) National Soup

각국별, 지역별로 특색 있게 개발되어 전통적으로 전해 내려오는 Soup

5) Special Soup

'Beef Tea Soup, Bisque Soup'로 분류하기도 한다.

4. 곁들임(Garnish)

수프의 맛을 더해주는 역할을 하는 것이 곁들임(Garnish)이다. 곁들임은 해당 수프와의 조화와 어울림을 고려하여 선정하는 것이 바람직하다. 수프를 만들 때 사용한 육류나 생선, 야채나 향신료를 적절한 모양과 크기로 자른 다음 제공하는 것이 일반적이다. 곁들임 야채는 신선한 것으로 선정하고 일정한 모양으로 자른 다음 살짝 데치거나 튀겨 사용한다.

수프의 가니쉬로 이용되는 것들은 다음과 같다.

① 크루통(Croutons)

식빵을 8mm 크기로 만들어 버터에 구운 것과 French-Bread를 구운 것이 대표적이며, Bread, Toast, Pastry 등으로 만들어서 제공

② 곡류

쌀과 보리 등을 삶아서 가니쉬로 이용

③ 치즈

치즈 볼 또는 분말로 만들어 넣거나 크루통에 녹여 쓰기도 함

④ 유제품

사워 크림(Sour Cream)과 휘핑 크림(Whipping Cream)을 이용

⑤ 육류

Beef, Ox Tongue 등을 잘게 Brunoise하거나 Julienne해서 넣어 사용

⑥ 가금류

육류와 마찬가지로 잘게 썰거나 채로 만들어 넣어 사용

⑦ 어패류

각각의 어패류를 구분할 수 있는 충분한 양을 잘게 썰어 넣어 사용

⑧ 파스타

Noodles, Vermicelli, Spaghetti, Fine Macarroni 등의 파스타류

⑨ 향미야채

버섯, 당근, 셀러리, 호박, 토마토, 휜넬, 차이브, 딜 등을 여러 가지 모양과 크기로 만들어 데쳐 넣어 사용하며 Julienne, Brunoise, Paysanne, Printaniere(작은 주사위 모양의 6가지 이상의 야채) 등으로 만들어 사용

⑩ 크레페(Crepes)

계란, 밀가루, 소금을 혼합하여 팬에 얇게 구운 다음, 세모, 네모 또는 둥글게 썰어 띄워 사용

⑪ 계란 로얄(Egg Royal)

계란, 우유, 브이용, 소금을 섞은 다음 중탕에 익혀서 식으면 다이아몬드 모양으로 썰어 띄워 사용

⑫ **셀레스틴(Celestine)**

크레프(Crepes)를 가늘게 썰어 띄워 사용

⑬ **덤플링(Dumpling)**

밀가루, 간(肝)류, 야채, 생선, 육류, 양파, 파슬리, 허브, 계란, 빵, 쌀, 감자, 라비올리, 파스타 등으로 만들어 사용

⑭ **Egg Omelet Shreds**

계란에 팔마산 치즈, 허브, 곱게 다진 햄 등을 넣고 섞은 다음, 오믈렛처럼 익히면서 둥글게 만다. 기름종이로 싸서 식혀 얇게 슬라이스해서 수프에 띄워 사용

⑮ **기타**

구운 슬라이스 아몬드, 멜바-토스트도 사용

Potato Cream Soup

포테이토 크림 수프

재료목록

- 감자(200g) 1개
- 대파(흰 부분, 10cm) 1토막
- 양파(중, 150g) 1/4개
- 버터(무염) 15g
- 치킨 스톡 270mL
  (물로 대체가능)
- 생크림(동물성) 20mL
- 식빵(샌드위치용) 1조각
- 소금(정제염) 2g
- 흰 후춧가루 1g

- 월계수잎 1잎

요구사항

※ **주어진 재료를 사용하여 다음과 같이 포테이토 크림 수프를 만드시오.**

❶ 크루통(crouton)의 크기는 사방 0.8cm~1cm로 만들어 버터에 볶아 수프에 띄우시오.
❷ 익힌 감자는 체에 내려 사용하시오.
❸ 수프의 색과 농도에 유의하고 200mL 이상 제출하시오.

조리기구

자루냄비, 코팅팬, 나무젓가락, 고운체, 나무주걱, 거품기, 칼, 도마, 행주, 키친타월, 계량컵,
계량스푼

만드는 법

1 감자의 껍질을 벗겨 얇게 썬 후 잠시 물에 담가 두
    었다가 전분 성분을 빼놓는다.

2 양파와 파(흰 부분)를 잘게 썰어 놓는다.

3 자루냄비에 버터를 두르고 잘게 썰어 놓은 양파와
    대파를 넣고 색이 나지 않게 볶다가 썰어 놓은 감
    자를 넣어 충분히 볶은 다음, 닭 육수를 붓고 월
    계수잎을 넣어 은근히 끓여주며 거품을 제거한다.
    (시험장에서 닭 육수가 주어지지 않을 경우 물로
    대체)

4 식빵을 가로세로 0.8~1cm 정도의 주사위형으로
    썰어서 팬에 버터를 넣고 구워낸다.

5 감자가 충분히 익었으면 고운체에 걸러서 육수와
    감자를 분리해 놓고 감자는 고운체에 내려서 냄비
    에 담고 분리해 놓은 육수를 붓고 적당한 농도가
    되면 소금, 흰 후추로 간을 하고 생크림을 넣은 다
    음 살짝 끓인다.

6 수프를 볼에 담고 크루통을 수프에 띄워 완성한다.

French Onion Soup
프렌치 어니언 수프

재료목록

- 양파(중, 150g) 1개
- 바게트빵 1조각
- 버터(무염) 20g
- 소금(정제염) 2g
- 검은 후춧가루 1g
- 파마산치즈가루 10g
- 백포도주 15mL
- 마늘(중, 깐 것) 1쪽
- 파슬리(잎, 줄기 포함) 1줄기

- 맑은 스톡(비프스톡 또는 콘소메) 270mL(물로 대체가능)

요구사항 ※ **주어진 재료를 사용하여 다음과 같이 프렌치 어니언 수프를 만드시오.**

❶ 양파는 5cm 크기의 길이로 일정하게 써시오.
❷ 바게트빵에 마늘버터를 발라 구워서 따로 담아내시오.
❸ 수프의 양은 200mL 이상 제출하시오.

조리기구 자루냄비, 나무주걱, 버터 나이프, 계량컵, 계량스푼, 나무젓가락, 코팅팬, 칼, 도마, 행주,
키친타월

만드는 법
1 양파를 곱게 5cm로 채 썰어 준비하고 마늘은 곱게 다져 놓는다.(양파는 얇고 균일하게 결방향으로 썰어야 뭉그러지는 것이 방지됨)

2 파슬리는 곱게 다져서 소창에 싸서 흐르는 물에 헹군 후 꼭 짜서 준비해 놓는다.

3 자루냄비에 버터를 조금 넣고 마늘을 볶다가 양파를 넣고 볶다 갈색이 될 때 물을 조금씩 넣으면서 볶는 과정을 반복한다.

4 충분히 갈색이 난 양파에 백포도주를 넣고 1/2로 졸인 후 쇠고기육수(물로 대체가능)를 약 270ml 정도 붓고 파슬리 줄기를 넣고 은은한 불에서 끓이다가 소금, 후추로 간을 한다.(시험장에서 육수가 주어지지 않을 경우 물로 대신)

5 팬에 바게트빵 조각을 앞뒤로 구워 약간의 색을 낸 후 앞뒤로 다진 마늘과 버터를 섞어 발라 굽고 파마산 치즈를 올려 녹이고 파슬리 다진 것을 뿌려 놓는다.(빵은 얇게 썰어야 수프에 담갔을 때 수분 흡수를 방지할 수 있음)

6 완성된 양파 수프를 수프 볼에 담고 바게트빵을 따로 담아내어 완성한다.

Minestrone Soup
미네스트로니 수프

재료목록

- 양파(중, 150g) 1/4개
- 셀러리 30g
- 당근 40g
  (둥근 모양이 유지되게 등분)
- 무 10g
- 양배추 40g
- 버터(무염) 5g
- 스트링빈스 2줄기(냉동, 채두 대체가능)
- 완두콩 5알
- 토마토(중, 150g) 1/8개

- 스파게티 2가닥
- 토마토 페이스트 15g
- 파슬리(잎, 줄기 포함) 1줄기
- 베이컨(길이 25~30cm) 1/2조각
- 마늘(중, 깐 것) 1쪽
- 소금(정제염) 2g
- 검은 후춧가루 2g
- 치킨 스톡 200mL(물로 대체가능)
- 월계수잎 1잎
- 정향 1개

<table>
<tr><td>요구사항</td><td>※ 주어진 재료를 사용하여 다음과 같이 미네스트로니 수프를 만드시오.</td></tr>
</table>

❶ 채소는 사방 1.2cm, 두께 0.2cm 크기로 써시오.
❷ 스트링빈스, 스파게티는 1.2cm의 길이로 써시오.
❸ 국물과 고형물의 비율을 3:1로 하시오.
❹ 전체 수프의 양은 200mL 이상으로 하고 파슬리 가루를 뿌려내시오.

조리기구 자루냄비, 나무주걱, 소창, 계량컵, 계량스푼, 나무젓가락, 코팅팬, 칼, 도마, 행주, 키친타월

만드는 법

1 스파게티 국수를 끓는 물에 소금을 넣고 약 10분 정도 삶아 놓는다.

2 마늘은 곱게 다져 놓고 베이컨, 양파, 셀러리, 무, 양배추, 당근은 사방 1.2cm, 두께는 0.2cm로 (Paysanne) 썰어 놓는다.

3 파슬리는 곱게 다져 소창에 싸서 흐르는 물에 씻은 후 꼭 짜서 사용한다.

4 토마토는 껍질을 벗겨 씨를 제거한 후 양파와 같은 크기로 썰어 놓는다.

5 삶은 스파게티와 스트링빈스는 약 1.2cm 정도 크기로 썰어 놓는다.

6 파슬리는 곱게 다져서 소창에 싸서 흐르는 물에 헹군 후 꼭 짜서 준비해 놓는다.

7 팬에 버터를 두르고 마늘을 볶다가 베이컨, 양파, 셀러리, 당근, 무, 양배추를 볶은 후 토마토페이스트를 넣어 신맛이 없어질 때까지 은은히 볶는다.

8 볶아 놓은 야채에 육수(물로 대체가능)를 조금씩 넣으면서 불어주고 완두콩, 부케가르니(월계수 잎, 파슬리줄기, 정향)를 넣어 끓이면서 떠오르는 거품이나 기름을 걷어낸다.

9 거의 익으면 토마토, 스트링빈스, 스파게티를 넣고 끓이다 소금, 후추로 간을 하고 부케가르니를 빼낸 후 수프 볼에 담고 약간 파슬리 다진 것을 뿌려 완성한다.

Fish Chowder Soup
피시 차우더 수프

재료목록

- 대구살 50g(해동지급)
- 감자(150g) 1/4개
- 베이컨(길이 25~30cm) 1/2조각
- 양파(중, 150g) 1/6개
- 셀러리 30g
- 버터(무염) 20g
- 밀가루(중력분) 15g
- 우유 200mL
- 소금(정제염) 2g
- 흰 후춧가루 2g

- 정향 1개
- 월계수잎 1잎

요구사항 ※ **주어진 재료를 사용하여 다음과 같이 피시 차우더 수프를 만드시오.**

❶ 차우더 수프는 화이트 루(roux)를 이용하여 농도를 맞추시오.

❷ 채소는 0.7cm x 0.7cm x 0.1cm, 생선은 1cm x 1cm x 1cm 크기로 써시오.

❸ 대구살을 이용하여 생선스톡을 만들어 사용하시오.

❹ 수프는 200mL 이상 제출하시오.

조리기구 자루냄비, 나무주걱, 고운체, 소창, 계량컵, 계량스푼, 나무젓가락, 코팅팬, 칼, 도마, 행주, 키친타월

만드는 법

1 양파, 셀러리, 감자는 사방 0.7cm, 두께 0.1cm 로 썰어 놓는다.(감자는 물에 담가 변색을 방지함)

2 베이컨은 사방 1cm 정도로 썰어 끓는 물에 데쳐 서 기름기를 뺀다.

3 생선살은 사방 1cm로 썰어 끓는 물에 삶아서 건져 내고 국물을 소창에 걸러 피시스톡으로 사용한다.

4 버터에 양파와 셀러리를 색이 나지 않게 연하게 볶 아 놓는다.

5 자루냄비에 버터1 : 밀가루1의 비율로 넣어 화이트 루(White Roux)를 만들고 우유를 조금씩 부어 가면서 덩어리가 생기지 않게 잘 풀어주고 생선육 수와 월계수잎, 정향을 넣고 은근하게 끓인 후 체 에 걸러준다.

6 걸러낸 수프에 데친 베이컨, 볶은 양파와 셀러리, 감자를 넣고 끓여 익으면 생선살은 맨 마지막에 넣 고 끓으면 소금, 후추로 간을 하여 수프 볼에 담 는다.(생선살은 부서지기 쉽기 때문에 완성 직전 에 넣음)

Beef Consomme
비프 콘소메

재료목록

- 소고기(살코기, 간 것) 70g
- 양파(중, 150g) 1개
- 당근 40g
  (둥근 모양이 유지되게 등분)
- 셀러리 30g
- 달걀 1개
- 소금(정제염) 2g
- 검은 후춧가루 2g
- 검은 통후추 1개
- 파슬리(잎, 줄기 포함) 1줄기

- 월계수잎 1잎
- 토마토(중, 150g) 1/4개
- 비프스톡(육수) 500mL
  (물로 대체가능)
- 정향 1개

요구사항 ※ **주어진 재료를 사용하여 다음과 같이 비프 콘소메를 만드시오.**

❶ 어니언 브루리(onion brulee)를 만들어 사용하시오.
❷ 양파를 포함한 채소는 채 썰어 향신료, 소고기, 달걀 흰자 머랭과 함께 섞어 사용하시오.
❸ 수프는 맑고 갈색이 되도록 하여 200mL 이상 제출하시오.

조리기구 프라이팬, 자루냄비, 나무주걱, 소창, 거품기, 믹싱볼, 계량컵, 계량스푼, 나무젓가락, 코팅팬, 칼, 도마, 행주, 키친타월

만드는 법

1 양파, 당근, 셀러리는 잘게 채 썰고 토마토는 껍질과 씨를 제거한 후 잘게 썬다.

2 팬을 달군 후 양파의 밑동을 원형으로 썰어 색이 나도록 태워 놓는다.

3 믹싱볼에 계란 흰자를 분리하여 넣고 거품기를 이용하여 부피가 최대가 될 때까지 저어준다.

4 거품을 낸 달걀 흰자에 채썬 야채, 간 쇠고기, 월계수잎, 정향, 으깬 통후추, 파슬리 줄기를 넣어 골고루 잘 섞는다.

5 자루냄비에 혼합된 재료를 넣고 찬 쇠고기육수를 붓는다.(냄비는 폭이 좁고 깊이가 깊은 것이 좋으며 시험장에서 쇠고기육수가 주어지지 않을 경우 물로 대체)

6 색을 낸 양파를 넣은 후 불에 올려 71~75℃ 정도가 될 때까지 바닥을 서서히 저어주고 흰자가 응고되기 시작하면 불을 약하게 끓인다.

7 끓으면 중앙에 구멍을 뚫어주어 숨구멍을 만들고 은은한 불에서 거품을 제거하며 끓인다.

※ 팬에 얇게 썬 양파를 볶다 갈색이 나면 물을 조금씩 넣고 졸여지면 다시 볶다 물을 넣고를 4회 반복하다 갈색이 나면 물 100ml를 넣어준 후 수프에 첨가하면 수프의 색을 내는 데 도움이 된다.

8 콘소메가 맑고 투명한 갈색이 나면 소창에 걸러 기름을 제거하고 소금으로 간을 하여 볼에 담아 완성한다.

Chapter 4

Seafood(해산물)

1. 어패류의 개요

수프 다음에 제공되는 요리순서이나 요즈음은 정찬이 아니고는 생선코스를 생략하는 경우가 많고 또는 하나의 훌륭한 주요리(Main Dish)로 제공되고 있다. 생선 500g의 영양가와 육류 300g의 영양가가 같은데 생선은 소화가 쉽고 먹을 때 만복감이 다른 요리보다 적다. 바다 생선에는 인체조직에 필요한 요오드와 성장 발육에 필요한 비타민이 다량 함유되어 있다. 일반적으로 생선은 육류보다 섬유질이 연하고 소화가 잘 되는 한편 자기 분해에 의해 부패하기 쉬운 결점이 있다. 주요리에 들어가기 전에 소화가 잘 되는 연한 생선으로 위를 달래고 나서 육류로 들어가는 것이 소화에 좋은 것이다. 성인병을 예방하고 현대인들의 건강식품으로 선호가 증가하는 추세이다. 서양요리에서는 여러 가지 조리법을 응용하여 많은 미식요리의 기본이 된다. 불어에서는 바다에서 나는 해산물을 후루트 드 메(fruit de mer), 즉 바다의 과일이라고 한다.

어패류는 타 육류에 비해 빠른 속도로 육질이 변화하는데, 사후 1~2시간 내에 경직현상이 일어난다. 사후 경직은 생선의 종류, 크기, 저장온도에 따라 다르나, 일반적으로 활동이 많은 갈색 생선(꽁치, 멸치, 고등어)은 흰살생선보다, 담수어는 해수어보다 자기소화가 빨리 온다.

부패가 시작될 때의 pH는 6.2~6.5이나 진행 중인 때는 4.8 정도이다. 이와 같이 생선은 쉽게 변질되므로 구입 즉시 내장을 깨끗이 소제한 다음 냉장 보관하여야 한다.

어패류가 일 년 중 가장 맛이 좋은 시기는 산란기 바로 전이라 할 수 있다. 생선은 산란기 몇 개월 전부터 산란 준비를 위하여 먹이를 많이 먹기 때문에 육질이 풍부하며 지방도 많아져 맛이 좋다. 그러나 산란기에 들어가 알을 낳은 생선은 맛이 떨어진다.

신선한 생선을 고르는 방법으로는 손으로 눌렀을 때 탄력성이 있어야 하며 껍질에 광택이 나야 하며 눈이 맑고 투명하여 밖으로 돌출되어 있어야 한다. 또한 비늘이 윤기 나며 고르게 붙어 있어야 하고 아가미는 선홍색이어야 신선한 것이고 혼탁하면 오래된 것이다. 또한 악취가 나지 않아야 하는데 부패가 심하면 악취가 나기 때문이다. 그리고 뼈와 근육이 잘 밀착되어 있어야 한다.

2. 어패류의 분류와 종류

어패류는 크게 민물에 서식하는 담수어(River fish)와 바닷물에 사는 해수어(Sea fish)로 나뉘며, 다시 형태에 따라 어류(Fish), 갑각류(Crustacea), 패류(Shellfish), 연체동물(Mollusk) 등으로 나눈다. 생선의 지방은 불포화지방산이 80%이며 담수어보다 해수어가 지방함량이 많고 소화가 용이하다. 생선에 따라 기름기가 많이 느껴지는 것이 있지만 뱀장어 빼고는 지방의 함량이 거의 비슷하다.

예부터 서양에서는 넙치(sole), 아구, 연어 등을 최고의 미식가 요리로 여겼으며 꼭 실버웨어에 담아 먹어야 격식을 차린 것으로 인정했다. 연어는 희귀성 생선으로 돌고래, 상어와 함께 생선의 왕이라고 했다. 어패류의 분류와 종류를 살펴보면 다음과 같다.

1) 어류

(1) 담수어

	Bass (농어)	• **분포지역**: 북서태평양(한국, 일본, 대만, 남중국해) • **특성**: 농어목 농어과의 물고기, 어릴 때는 담수를 좋아하여 연안이나 강 하구까지 거슬러 올라왔다가 깊은 바다로 이동, 여름에 많이 잡히며, 성장할수록 맛이 좋아짐, 기억력 회복, 치매예방 • **용도**: Poaching, Steaming, Grilling, Pan frying, Deep fat frying
	Crap (잉어)	• **분포지역**: 전 세계 • **특성**: 잉어목 잉어과의 민물고기, 붕어와 생김새가 비슷, 붕어보다 몸이 길고 높이가 낮고 입 주변에 두 쌍의 수염이 있음, 바다산의 흰살코기에 비하여 지방질의 함량이 적고 지용성 비타민류가 적음 • **용도**: Boiling, Stewing
	Catfish (메기)	• **분포지역**: 한국, 중국, 일본, 대만, 러시아 • **특성**: 메기목 메기과의 민물고기, 낮에는 바닥이나 돌 틈 속에 숨어 있다가 밤에 먹이를 찾아 활동하는 야행성, 수중동물을 닥치는 대로 잡아먹음, 단백질, 비타민 함량이 풍부, 당뇨병, 빈혈 • **용도**: Sauteing, Frying, Stewing
	Eel (장어)	• **분포지역**: 한국, 일본, 중국, 대만, 필리핀, 유럽 • **특성**: 뱀장어목 뱀장어과에 속하는 민물고기, 육식성으로 게, 새우, 곤충, 실지렁이, 어린 물고기를 잡아 먹음, 야행성 • **용도**: Soup, Frying, Smoking, Sauteing
	Salmon (연어)	• **분포지역**: 한국, 일본, 러시아, 알래스카, 캐나다, 캘리포니아 • **특성**: 연어목 연어과의 회귀성 어류, 산란기가 다가오면 자신이 태어난 강으로 거슬러 올라가고, 암컷과 수컷 모두 혼인색을 띰. 비타민 A와 D가 특히 풍부하며 단백질, 지방 등 영양소 풍부 • **용도**: Grilling, Poaching, Smoking
	Sturgeon (철갑상어)	• **분포지역**: 흑해, 카스피해, 유라시아와 북아메리카 • **특성**: 경골어류 철갑상어목 철갑상어과, 길쭉한 몸을 지니고 있고 비늘이 없으며 몸길이는 대개 2~3.5m, 강과 호수에 서식, 캐비아를 위해 채취 • **용도**: Smoking, Frying, Poaching

	Trout (송어)	• **생산지:** 오호츠크해, 동해 등 북서태평양 • **특성:** 연어목 연어과의 회귀성 어류, 산천어와 같은 종으로 분류되나, 강에서만 생활하는 산천어와 달리 바다에서 살다가 산란기에 다시 강으로 돌아오는 습성 • **용도:** Boiling, Frying, Smoking, Meuniere

(2) 해수어

	Anchovy (멸치)	• **분포지역:** 사할린섬 남부, 일본, 한국, 필리핀, 인도네시아 • **특성:** 청어목 멸치과의 바닷물고기, 표면 가까운 곳에서 무리를 이룸, 봄과 여름에 연안에서 생활하다가 좀더 북쪽으로 이동, 최대 몸길이 15cm • **용도:** Marinade, Frying, Dry
	Butter Fish (병어)	• **분포지역:** 남해와 서해, 일본의 중부 이남, 동중국해, 인도양 • **특성:** 농어목 병어과의 바닷물고기, 몸이 납작하며 빛깔이 청색과 은색을 띤다. 무리를 지어 생활하며 흰살생선으로 맛이 담백, 수심 5~110m의 바닥이 진흙으로 된 연안 • **용도:** Braising, Poaching, Sauteing
	Cod fish (대구)	• **분포지역:** 동해, 남해, 진해만 • **특성:** 대구목 대구과의 바닷물고기, 머리가 크고 입이 큼, 배쪽은 흰색이며 등쪽으로 갈수록 갈색으로 변함, 진한 갈색 점이 있음, 1~3월 산란, 연안 또는 대륙사면 서식 • **용도:** Poaching, Boiling
	Congereel (붕장어)	• **분포지역:** 대서양, 인도양, 태평양 • **특성:** 경골어류 뱀장어목 붕장어과의 바닷물고기, 옆구리와 등쪽 – 암갈색, 배쪽 – 흰색, 깊고 따뜻한 바다 서식, 필수 아미노산을 고루 함유하고 있으며 EPA와 DHA가 풍부 • **용도:** Grilling, Sauteing, Smoking, Frying
	Dover Sole (박대)	• **분포지역:** 서해, 동중국해 등 아열대 해역 • **특성:** 가자미목 참서대과에 속하는 바닷물고기, 참서대과 어류 중 가장 큰 어종이며 몸이 매우 납작, 눈이 있는 쪽은 흑갈색이고, 눈이 없는 쪽은 흰색을 띠며 작은 둥근비늘(원린), 가까운 바다의 진흙바닥, 기수역에 서식 • **용도:** Poaching, Sauteing, Meuniere, Steaming

	Turbot (넙치)	• **분포지역:** 한국, 중국, 일본의 인근 해역 • **특성:** 횟감으로 유명한 가자미목 넙치과의 바닷물고기, 두 눈이 비대칭적으로 머리의 왼쪽에 쏠려 있고 몸이 납작, 황갈색 바탕에 짙은 갈색과 흰색 점, 반대쪽은 흰색, 바다 속 모래 바닥 서식 • **용도:** Poaching, Sauteing, Meuniere, Steaming
	Halibut (광어)	• **분포지역:** 한국, 중국, 일본의 인근 해역 • **특성:** 횟감으로 유명한 가자미목 넙치과의 바닷물고기, 두 눈이 비대칭적으로 머리의 왼쪽에 쏠려 있고 몸이 넙적한 물고기, 바다 속 모래 바닥에 서식 • **용도:** Grilling, Poaching, Sauteing, Poaching
	Herring (청어)	• **분포지역:** 백해 등의 북극해, 일본 북부, 한국 연근해 • **특성:** 청어목 청어과의 바닷물고기, 등쪽 암청색, 배쪽 은백색, 최대 몸길이 46cm, 수온 2~10℃, 수심 0~150m의 연안, 민물, 강 어귀 서식 • **용도:** Frying, Marinating, Canning, Smoking
	Lemon sole (레몬 솔)	• **분포지역:** 미국 동부해안 • **특성:** 머리는 작고 껍질은 부드러우나 벗기기는 어려움, 육질의 맛은 우수하나 살이 약해 부서지기 쉬움, 한류를 좋아하여 차고 깊은 곳에서 서식 • **용도:** Frying, Sauteing, Poaching
	Mackerel (고등어)	• **분포지역:** 태평양, 대서양, 인도양의 온대 및 아열대 해역 • **특성:** 농어목 고등어과의 바닷물고기, 등쪽 암청색, 중앙에서부터 배쪽 은백색, 30cm 정도, 부어성 어종으로 표층 또는 표층으로부터 300m 이내의 중층에 서식 • **용도:** Sauteing, Grilling, Smoking, Canning, Marinating
	Monk fish (아구)	• **분포지역:** 서부태평양 · 인도양 등의 아열대 및 온대 해역 • **특성:** 아귀목 아귀과에 속하며 깊은 바다(수온 17~20℃, 수심 70~250m)에 생존, 등쪽은 흑갈색 바탕에 드물게 검은색 얼룩, 배쪽은 흰색 • **용도:** Grilling, Poaching, Sauteing
	Puffer (복어)	• **분포지역:** 한국, 중국, 일본 • **특성:** 복어목 복과 어류의 총칭, 130종, 몸은 긴 달걀 모양으로 몸 표면은 아주 매끄러운 것과 가시 모양 비늘을 가진 것이 있음, 간, 정소, 난소 등에 청산가리의 10배가 넘는 테트로도톡신이라는 맹독 • **용도:** Poaching, Stewing, Boiling

	Snapper (도미)	• **분포지역:** 동남아시아, 타이완, 남중국해, 일본, 한국 연근해 • **특성:** 농어목 도미과의 바닷물고기, 몸 등쪽은 붉은색, 배쪽은 노란색 또는 흰색, 수심 10~200m의 바닥 기복이 심한 암초지역 서식 • **용도:** Grilling, Sauteing, Poaching
	Sadine (정어리)	• **분포지역:** 동중국해, 일본, 한국 연근해 • **특성:** 청어목 청어과의 바닷물고기, 등쪽 푸른색, 중앙과 배쪽은백색, 경계 지점에 6~9개의 둥근 검은색 점, 알을 낳기 직전인 9~10월에 가장 맛이 좋음 • **용도:** Grilling, Sauteing, Canning
	Skate (홍어)	• **분포지역:** 북서태평양(한국, 일본, 동중국해, 대만) • **특성:** 홍어목 가오리과의 바닷물고기, 등쪽-전체적으로 갈색을 띠며 군데군데 황색의 둥근 점이 불규칙하게 흩어져 있음, 배쪽-흰색, 머리는 작고 주둥이는 짧으나 튀어나옴, 눈이 튀어나옴 • **용도:** Braising, Frying, Sauteing, Smoking
	Tuna (참치)	• **분포지역:** 태평양, 대서양, 인도양의 열대, 온대, 아한대 해역 • **특성:** 농어목 고등어과의 바닷물고기, 등쪽 짙은 푸른색, 중앙과 배쪽 은회색 바탕에 흰색 가로띠와 둥근 무늬, 표층수역 서식, 고단백, 성인병 예방 • **용도:** Smoking, Frying, Sauteing, Canning

2) 갑각류

	Crab (게)	• **분포지역:** 전 세계 • **특성:** 절지동물 십각목 파행아목에 속하는 갑각류의 총칭, 바다, 담수, 기수, 육지에서 서식, 지방이 적고, 고단백, 소화성이 좋고 담백함. 타우린, 비타민 A, B, C, E 등이 다량 함유 • **용도:** Frying, Boiling, Steaming
	Crayfish (크래이 휘시)	• **분포지역:** 동아시아, 유럽, 미국 • **특성:** 십각목, 가재과에 속하는 보행성의 새우, 제일 각의 가위가 크고 몸색은 암녹색, 500종의 절반 이상이 북아메리카에 서식하며 거의 대부분이 민물에 살고 몇몇은 기수(汽水)나 바닷물 서식 • **용도:** Boiling, Frying, Sauce, Soup

	Lobster/Homard (바닷가재)	• **분포지역:** 태평양 · 인도양 · 대서양 연근해 • **특성:** 갑각강 십각목의 가시발새우과, 닭새우과, 매미새우과, 폴리켈리다이과에 속하는 새우류, 연근해 바다 밑 서식, 낮에는 굴 속이나 바위 밑에 숨어 지내다가 밤이 되면 나와 활동 • **용도:** Steaming, Sauteing, Grilling, Frying
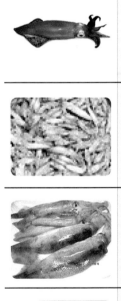	Spiny Lobster (스파이니 바닷가재)	• **분포지역:** 지중해, 덴마크, 노르웨이, 호주, 멕시코, 미국 • **특성:** 집게발이 없이 더듬이가 긴 바닷가재, 수심 300~400m에서 서식, 육질이 쫄깃하고 살이 많음 • **용도:** Steaming, Sauteing, Grilling, Frying

3) 연체류

	Arrow Squid (한치)	• **분포지역:** 열대 서인도 태평양, 남동중국해, 한국, 일본 남부, 오스트레일리아 북부 • **특성:** 살오징어목 오징어과의 연체동물, 다리가 짧은 것이 특징, 살이 부드럽고 담백하여 오징어보다 맛이 좋음 • **용도:** Sauteing, Blanching, Boiling
	Beka Squid (꼴뚜기)	• **분포지역:** 한국, 동남아시아, 유럽 • **특성:** 오징어와 유사하게 생긴 연체동물의 일종, 오징어보다 작은 크기, 연한 자줏빛, 다리의 길이는 몸통의 반 정도 • **용도:** Sauteing, Blanching, Boiling
	Cuttle Fish (오징어)	• **분포지역:** 동중국해, 한국, 일본, 쿠릴 열도 • **특성:** 두족류 십완목(十腕目)에 속하는 연체동물의 총칭, 몸길이 최소 2.5cm에서 최대 15.2m까지, 연안에서 심해까지 서식, 육식성으로 작은 물고기 · 새우 · 게 등을 먹음 • **용도:** Sauteing, Blanching, Boiling
	Octopus (문어)	• **분포지역:** 캘리포니아 남쪽, 아메리카 북서쪽 태평양 연안, 알래스카주에 있는 알류산(Aleutians) 열도, 일본 남쪽 • **특성:** 다리가 8개 있는 연체동물, 바다 밑에 서식하며 연체동물과 갑각류 등을 먹음, 붉은 갈색, 연안에서부터 심해까지 서식 • **용도:** Sauteing, Blanching, Boiling

	Small Octopus (낙지)	• **분포지역:** 한국(전라남북도 해안), 일본, 중국 • **특성:** 팔완목(八腕目) 문어과의 연체동물, 진흙 속에 굴을 파고 그 속에 들어가 지냄, 연안의 조간대에서 심해 또는 얕은 바다의 돌틈이나 진흙 속 서식 • **용도:** Sauteing, Blanching, Boiling
	Squid (갑오징어)	• **분포지역:** 한국, 일본, 중국, 오스트레일리아 북부 • **특성:** 십완목 참오징어과의 연체동물, 몸 안에 길고 납작한 뼈 조직, 오징어류 중 가장 맛이 좋음 • **용도:** Sauteing, Blanching, Boiling
	Baby Octopus (주꾸미)	• **분포지역:** 한국(남서해안), 일본 • **특성:** 팔완목 문어과의 연체동물, 낙지와 비슷하게 생겼으나 크기가 더 작고 알이 차 있는 봄이 제철, 수심 10m의 내에서만 서식 • **용도:** Sauteing, Blanching, Boiling

4) 패류

	Abalone (전복)	• **분포지역:** 한국, 일본, 중국 • **특성:** 원시복족목 전복과에 딸린 연체동물의 총칭, 각피 흑갈색, 간조선에서 수심 5~50m 되는 외양의 섬 지방이나 암초에 서식 • **용도:** Boiling, Poaching, Sauteing
	Clam (조개)	• **분포지역:** 한국, 일본, 타이완, 중국, 필리핀, 동남아시아 • **특성:** 진판새목 백합과의 조개로 모래나 펄에 서식, 민물의 영향을 받는 조간대 아래 수심 20m까지의 모래나 펄에서 서식, 암갈색에서 회백갈색으로 다양함 • **용도:** Boiling, Poaching, Sauteing
	Conch/ Turban/ Wreath Top Shell (소라)	• **분포지역:** 한국 남부 연안, 일본 남부 연안 • **특성:** 원시복족목, 소라과의 연체동물, 껍데기 표면 녹갈색, 어릴 때는 조간대의 바위 밑, 크면 해초가 많은 조간대 아래쪽 서식 • **용도:** Boiling, Poaching, Sauteing

	Mussel (홍합)	• **분포지역:** 한국, 일본, 중국 북부 • **특성:** 사새목 홍합과의 연체동물, 암초에 붙어 무리를 지어 서식, 여름에는 독소가 있을 수 있으므로 먹지 않는 것이 좋음, 보랏빛을 띤 검은색 광택이 있음, 조간대에서 수심 20m 사이의 암초 • **용도:** Boiling, Poaching, Sauteing
	Oyster (굴)	• **분포지역:** 한국 전 연안 및 일본, 중국해역 • **특성:** 사새목 굴과에 속하는 연체동물의 총칭, 바위에 부착생활, 부드럽고 고소한 맛, 단백질의 함량은 적으나 글리코겐과 비타민을 많이 함유하고 있어 빈혈과 간에 좋음 • **용도:** Boiling, Poaching, Sauteing, Canning
	Scallop (관자)	• **분포지역:** 전 세계 • **특성:** 사새목 가리비과에 속하는 패류로 두 장의 패각이 부채 모양을 하고 있다. 연안부터 깊은 바다까지 서식, 수심 20~40m의 모래나 자갈이 많은 곳 서식 • **용도:** Boiling, Poaching, Sauteing

5) 기타

	Sea Cucumber (해삼)	• **분포지역:** 전 세계 • **특성:** 극피동물 해삼강에 속하는 해삼류의 총칭, 바다 밑바닥 서식, 밤색 또는 갈색 얼룩, 몸은 앞뒤로 긴 원통 모양이고, 등에 혹 모양의 돌기가 여러 개 나 있음 • **용도:** Sauteing, Stewing, Boiling
	Sea Squirt (멍게)	• **분포지역:** 한국, 일본 • **특성:** 우렁쉥이, 얕은 바다에 암석, 해초, 조개 등에 붙어서 살지만 2,000m보다 더 깊은 곳에 사는 것도 있음, 파인애플과 비슷한 모양이며 표면에는 젖꼭지 모양의 돌기 • **용도:** Poaching
	Sea Urchin (성게)	• **분포지역:** 한국, 일본 • **특성:** 극피동물군의 일종. 성게류(echinoids)에 속하는 동물, 얕은 바다, 야행성 동물 • **용도:** Smoking, Poaching, Canning

3. 손질요령

1) 도미의 손질요령

① 생선을 준비한다.

② 비늘을 제거한다.

③ 아가미에 칼집을 넣는다.

④ 내장을 제거한다.

⑤ 물에 씻는다.

⑥ 머리를 제거한다.

⑦ 등에 칼집을 넣는다.

⑧ 뼈와 살을 분리한다.

⑨ 배 속의 잔뼈를 제거한다.

⑩ 껍질을 제거한다.

2) 장어의 손질요령

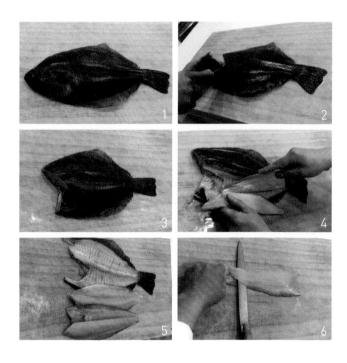

① 생선을 준비한다.

② 머리를 제거한다.

③ 내장을 제거한다.

④ 중앙선을 따라 칼집을 넣는다.

⑤ 뼈와 살을 분리한다.

⑥ 껍질을 제거한다.

4. 저장(보관)방법

어패류는 살아 있는 상태로 조리하는 것이 가장 좋지만, 대개 냉장, 냉동 방법으로 선도를 유지시키고 있다. 전용냉장, 냉동에 보관해야 하며 생선살을 뜬 후 물에 젖은 헝겊에 싸서 얼음 위에 올려 보관하며 온도는 2~3℃가 무난하다.

일식의 경우 활어 사용을 원칙으로 하지만 양식은 신선어를 많이 사용한다. 냉동된 생선은 조리 시 38~40℃의 냉장고에 하루 정도 녹이는 것이 이상적이다. 또는 찬물에 천천히 녹여 사용하는 방법이 있다. 일단 녹여서 살을 뜬 다음 다시 얼리는 경우가 없어야 한다. 그렇지 않으면 생선의 맛과 향, 수분이 반감되어 어패류 자체의 맛이 없어진다.

생선은 사후 10분 내지 수시간 내에 육질이 굳어진다. 사후 경직된 생선은 꼬리가 약간 올라간다.

5. 생선의 조리방법

① Matelote : White or Red Wine을 이용한 찜. 주로 담수어 요리에 이용

② Meuniere : 후추, 소금으로 양념을 한 다음 밀가루를 묻혀 버터를 이용하여 Pan
에 굽는 방법

③ Braising : Pot에 Onion, Parsley, Dill 등의 향신료를 깔고 그 위에 생선을 넣어
Wine과 Fish, Stock으로 조리는 방법

④ Deep-fat frying : 생선을 우유에 적셔 밀가루를 묻힌 다음 기름에 튀기는 조리
방법으로 불란서식은 밀가루만 묻히고, 영국식은 빵가루를 묻혀 튀김

⑤ Gratin : 생선을 White Sauce로 조리한 다음 Gratin Bowl에 담아서 표면에 치즈,
버터, 빵가루를 뿌려 Oven 또는 Salamander를 이용하여 갈색으로 조리하는 방법

⑥ Poaching : Bain-Marie, Pot 등을 이용, Court-Bouillon으로 단시간에 조리

⑦ Steaming : 증기를 이용해서 조리하는 것으로 어패류의 원형을 그대로 보존할 수
있는 장점이 있어 이 방법을 많이 이용

⑧ Grilling : 어패류를 Grill(Broiler)에 굽는 방법, 생선의 순수한 맛을 느낄 수 있음

⑨ En Papillot : Foil로 생선을 싸서 수분의 증발을 막고 Oven에 굽는 방법으로,
Oven의 열기로 Foil이 부풀면 그대로 고객에게 제공

French Fried Shrimp
프렌치 프라이드 쉬림프

재료목록

- 새우(50~60g) 4마리
- 밀가루(중력분) 80g
- 흰 설탕 2g
- 달걀 1개
- 소금(정제염) 2g
- 흰 후춧가루 2g
- 식용유 500mL
- 레몬 1/6개(길이(장축)로 등분)
- 파슬리(잎, 줄기 포함) 1줄기
- 냅킨(흰색, 기름 제거용) 2장

- 이쑤시개 1개

(요구사항) **※ 주어진 재료를 사용하여 다음과 같이 프렌치 프라이드 쉬림프를 만드시오.**

❶ 새우는 꼬리 쪽에서 1마디 정도 껍질을 남겨 구부러지지 않게 튀기시오.
❷ 달걀 흰자를 분리하여 거품을 내어 튀김반죽에 사용하시오.
❸ 새우튀김은 4개를 제출하시오.
❹ 레몬과 파슬리를 곁들이시오.

(조리기구) 튀김냄비, 믹싱볼, 거품기, 이쑤시개, 계량컵, 계량스푼, 나무젓가락, 코팅팬, 칼, 도마, 행주, 키친타월

(만드는 법)

1. 새우의 머리를 제거하고 꼬리 쪽에서 1마디 정도 남기고 껍질을 벗긴 후 V자 형태의 꼬리 끝부분을 꺾어 잘라내고 이쑤시개를 이용하여 내장을 제거한다. 배 쪽에 X자 형태로 칼집을 4~5군데 넣어 등을 꺾어 튀김할 때 구부러지지 않게 하고 소금과 흰 후추로 간을 한 다음 레몬주스를 뿌려 놓는다.

2. 달걀의 흰자와 노른자를 분리한 후 믹싱볼에 흰자의 거품을 거품기로 최대 부피까지 만들어 놓는다.

3. 달걀 노른자에 밀가루, 소금, 설탕, 찬물을 넣고 반죽을 약간 되직하게 만든다. (흰자를 넣었을 때 묽어질 수 있기 때문)

4. 준비해 놓은 새우에 밀가루를 묻히고 튀김옷을 입혀 약 170℃ 온도의 기름에 튀겨준다.(튀김온도에 주의)

5. 새우의 꼬리가 접시의 중앙을 향하게 하여 접시에 가지런히 담고 레몬과 파슬리로 장식하여 완성한다.

Chapter 5

Salad & Dressing(샐러드와 드레싱)

1. 샐러드의 개요

Salad의 어원은 라틴어의 'Herba Salate' 즉 소금을 뿌린 herb(향초)라는 뜻을 갖고 있는 말로서, 신선한 야채 또는 향초 등을 소금만으로 간을 맞추어 먹었던 것에 유래한다. 이것이 점차 발전하여 현재와 같이 다양한 dressing, 기름과 식초(oil & vinegar), salad(mixed salad, compound salad) 등이 형성되었다.

샐러드란 여러 가지 차가운 계절채소 및 허브와 과일 등을 이용해서 소스를 곁들인 것을 일컫는다. 샐러드의 이용범위가 정확히 정해지지는 않았지만 육류 섭취와 함께 먹는 것이 일반적이다. 현재는 주식으로 샐러드를 많이 먹고 있다. 미용효과로도 좋고 필수지방산과 미네랄을 섭취하는 데 많은 도움을 주고 있다.

요즘의 샐러드는 드레싱 맛으로 먹는다고 해도 과언이 아닐 정도로 다양한 드레싱이 개발되어 있다. 시판되는 드레싱만도 종류가 셀 수 없을 정도지만 신선한 과일을 갈아 넣거나 산뜻한 비네가를 조금만 첨가해 주면 나만의 드레싱을 즐길 수 있다.

2. 샐러드의 분류

샐러드는 단순 샐러드와 복합 샐러드로 구분된다. Salad용 식재료 특히 채소류는 세균에 감염되지 않은 청정채소를 사용해야 하며, 신선하고 최고의 품질을 유지하는 식재료라야 한다. 또한 혼성 샐러드인 경우에는 적당한 배합이 가장 중요하다.

① Simple Salad(단순 샐러드, 순수 샐러드)

Set menu의 구성이 되는 샐러드로써, 고전적인 단순 샐러드는 한 가지의 야채만으로 만들어지고 있었으며, 여기에 parsley, chervil, tarragon을 잘게 다져 얹고 vinaigrette를 곁들였다고 한다. 현대에 와서는 순수 샐러드라 할지라도 단순하게 한 종류의 식자재보다는 여러 가지 야채를 적당히 배합하여 영양, 맛, 색상 등이 서로 조화를 이루도록 변화 발전하였으며 각종 향초나 향료류는 dressing에 가미되어 곁들여지고 있다.

Simple salad 조리 시 주의할 점은 각종 채소 및 식재료는 물기를 완전히 제거한 다음 접시에 담아야 한다는 것이다. 물기가 남아 있으면 Dressing이 흘러내려 보기에 좋지 않고 맛이 저하된다. 잎채소의 경우 작은 잎은 그대로 사용하고, 큰 잎일 경우에는 가급적 칼을 사용하지 말고 손끝으로 적당히 잘라야 한다. 이는 칼을 사용하면 야채의 색깔이 빨리 변하고 비타민이 손실될 우려가 많기 때문이다.

② Compound Salad(복합 샐러드)

Buffet식 샐러드로써, 각종 야채, 과일, 고기, 해산물, 치즈, 계란, 곡류, 파스타, 향료, 소금, 후추 등이 혼합되어 양념, 조미료 등을 더 이상 첨가하지 않고 그대로 고객에게 제공할 수 있는 완전한 상태로 만들어진 것을 말한다. 일반적으로 Oil&Vinegar를 많이 사용하며 경우에 따라 마요네즈 및 각종 드레싱류도 사용한다.

3. 샐러드의 기본요소

① 바탕(base) : 바탕은 감자샐러드는 감자, 옥수수샐러드는 옥수수이고 일반적인 야
채샐러드는 잎상추, 로메인 레터스와 같은 샐러드 채소로 구성된다. 목적은 그릇을
채워주는 역할과 사용된 본체와의 색의 대비를 이루는 것이다.

② 드레싱(Dressing) : 드레싱은 일반적으로 모든 종류의 샐러드와 함께 차려낸다.
드레싱은 요리의 전반적인 성공여부에 매우 중요한 역할을 한다. 또한 맛을 증가시
키고 가치를 돋보이게 하며 소화를 도와줄 뿐만 아니라 몇몇 경우에 있어서는 곁들
임의 역할도 한다.

③ 가니쉬(Garnish) : 곁들임의 주목적은 완성된 제품을 아름답게 보이도록 하는 것
이지만 몇몇 경우에 있어서는 형태를 개선시키고 맛을 증가시키는 역할도 한다. 곁
들임은 기본 샐러드 재료의 일부분일 수도 있으며, 본체와 혼합되는 첨가항목일 수
도 있다. 곁들임은 항상 단순해야 하며, 손님의 관심을 끌고 식욕을 자극하는 데
도움을 주어야 한다. 주로 사용되는 곁들임은 흔히 특수 채소라고 불리는데, 예전
에는 종류가 많지 않았지만 지금은 품종을 개량해서 100여 종에 가깝게 한국에서
도 생산되고 있다.

4. 드레싱

1) 드레싱의 어원

샐러드나 야채, 생선, 고기요리 등에 얹는 (보통 차가운) 소스. 드레스를 입히듯 음식
을 감싸고 치장한다고 해서 드레싱이라고 부른다.

드레싱의 가장 중요한 목적은 샐러드의 맛을 증가시키고 소화를 도와주는 것으로 반
드시 샐러드와 짝이 맞아야 하므로 샐러드 드레싱이라고 한다. 유럽에서는 드레싱이라
는 말을 쓰지 않고 소스라고 하는데 드레싱이라고 하는 것은 여자의 옷이 부드럽게 입혀

지는 것처럼 채소에 옷을 입힌다는 뜻으로 쓰였다.

소스의 일종인 드레싱은 재료를 끓이지 않고 혼합하여 만드는 것이므로 냉소스로 분류한다.

2) 드레싱의 분류

종류는 많지만 드레싱의 기본을 두 가지로 나눌 수 있다. 식초와 식용유를 주로 한 프렌치 드레싱과 달걀 노른자, 식용유, 식초 등으로 만든 마요네즈 드레싱이다. 샐러드의 조미료로는 소금, 후추, 파프리카, 고춧가루, 양파, 겨자, 설탕, 향신료 등이 사용된다.

여름에는 식초를 더 넣어 새콤하게 만들고 겨울에는 샐러드 기름을 더 넣은 편이 한결 맛이 좋다고 한다. 샐러드 드레싱에 주로 쓰이는 오일은 식물성이어야 한다. 맛과 향으로는 올리브유가 가장 좋지만 면실유, 채종유, 콩기름, 낙화생유, 참기름처럼 잘 정제되고 냄새가 없는 기름을 쓰면 된다.

3) 드레싱의 종류

- **사우전 아일랜드 드레싱**: 마요네즈 1/2컵, 다진 양파 1큰술, 피망 1/2개, 달걀 1개, 토마토케첩 1큰술, 피클 1큰술, 소금과 후춧가루 약간씩, 달걀은 완숙으로 삶고, 양파와 피망, 피클은 곱게 다져놓는다. 준비된 재료를 볼에 넣고 여기에 소금과 후춧가루를 넣고 섞어준다.
- **프렌치 드레싱**: 올리브오일 7큰술, 식초 3큰술, 레몬즙 2큰술, 다진 마늘과 설탕 각 1작은술씩, 파슬리 가루 1큰술, 소금과 후춧가루 1/2작은술씩. 볼에 다진 마늘과 설탕, 소금, 후춧가루를 넣고 잘 섞어준다. 다음에 거기에 식초를 조금씩 넣어가며 고루 저어준다. 올리브오일을 조금씩 부어가면서 재료가 충분히 섞이도록 잘 저어준다. 레몬즙과 다진 파슬리 가루를 넣어 섞어준다.
- **살사 드레싱**: 토마토 2개, 칠리소스 2큰술, 고추 1개, 양파 1개, 식초 2큰술, 레몬즙 1큰술, 다진 파슬리 가루 1작은술, 소금과 후춧가루 약간씩. 토마토는 윗부분에 열십자(＋) 모양의 칼집을 넣어서 끓는 물에 살짝 담갔다 건져 껍질을 벗긴 후 씨를 제

거하고 곱게 다진다.

양파와 고추는 손질한 뒤 곱게 다진다. 볼에 준비된 재료를 넣고 칠리소스를 넣은 후 고루 섞어준다. 재료가 고루 섞이면 소금과 후춧가루, 식초, 레몬즙, 파슬리 가루를 넣어준다.

- **안초비 비트드레싱**: 양상추가 들어간 샐러드에 좋다. 후렌치 드레싱 1/2컵, 안초비 (으깬 상태) 3스푼, 비트(다진 것) 2스푼, 삶은 계란(다진 것) 1개, 소금 · 후추 적량

- **호스래디쉬크림드레싱**: 호스래디쉬는 양고추냉이 뿌리를 간 것이다. 색깔은 하얀색 이다.

  휘핑크림 1컵, 호스래디쉬 5스푼, 소금 · 후추 적량

- **블루치즈드레싱**: 샐러드와 가장 잘 어울리는 최고의 드레싱이다.

  마요네즈 1/2컵, 블루치즈 30g, 우유 30cc

- **요구르트 과일 드레싱**: 사과 60g, 건포도 5g, 셀러리 30g, 액상 요구르트 15g

  준비한 분량의 요구르트에 재료와 건포도를 넣어 골고루 섞는다.

- **파인애플 드레싱**: 파인애플 통조림 2쪽, 양파 1/4개, 파인주스 2큰술, 레몬즙 1큰술, 설탕 2큰술, 식초 2큰술, 마요네즈 1컵, 파슬리 다진 것 1큰술

  파인애플은 잘게 썰고, 양파 역시 잘게 썰어서 믹서에 넣고 다른 재료들도 분량대로 섞어서 곱게 갈아 냉장고에 차게 넣어둔다. 파인주스는 파인애플 통조림 국물을 이용하면 된다.

- **레드와인식초와 올리브오일 드레싱**: 레드와인식초 1큰술, 올리브오일 1/2큰술

- **배잼 드레싱**: 배잼 2큰술, 샐러드유 3큰술, 식초 1큰술, 소금 · 후춧가루 약간

- **카레 드레싱**: 카레 1/2큰술, 소금 2/3작은술, 후춧가루 약간, 샐러드유 3큰술, 식초 2큰술, 마늘 간 것 1/2작은술

  볼에 카레가루, 후춧가루를 넣고 샐러드유를 조금씩 넣어 식초를 부어가며 저어 카레 드레싱을 만든다.

- **허브 드레싱**: 시나몬(계핏가루) 1작은술, 레몬주스 1/2컵, 마늘 2작은술, 파프리카 1/2작은술

  시나몬과 레몬주스, 다진 마늘, 파프리카로 드레싱을 만든다.

- 레몬 드레싱: 레몬 1/2개, 소금, 설탕, 샐러드유 3큰술

  레몬 1/4은 얇게 저민다. 나머지 1/4의 속은 즙을 짜고 껍질을 채썬다. 볼에 소금과 샐러드유, 레몬즙, 껍질 썬 것, 설탕을 넣고 거품기로 저어 드레싱을 만든다.

- 양파 드레싱: 다진 양파 1큰술, 소금, 후춧가루, 식초 2큰술, 설탕 1큰술, 샐러드유 3큰술

  볼에 다진 양파와 설탕, 소금, 후춧가루와 샐러드유를 넣고 식초를 조금씩 첨가해 가며 저어준다.

- 와사비 드레싱: 와사비 가루 1작은술, 식초 2큰술, 샐러드유 3큰술, 소금

  볼에 와사비 가루와 소금을 넣고 샐러드유를 부어 저어가며 식초를 첨가한다.

- 딸기 드레싱: 딸기즙 1/3컵, 식초 1큰술, 샐러드유 2큰술, 레몬즙, 소금

  딸기즙에 샐러드유, 레몬즙, 소금을 넣고 식초를 넣어가며 거품기로 저어 드레싱을 만든다.

- 마늘 드레싱: 마늘 1쪽, 홍고추 1/2개, 소금, 후춧가루, 샐러드유 3큰술, 설탕 1큰술, 식초 1큰술

  소금, 후춧가루, 설탕, 샐러드유에 식초를 소량씩 첨가하며 젓다가 완성되면 설탕을 넣는다. 얇게 저민 마늘과 채썬 홍고추를 넣는다.

- 오이 드레싱: 현미밥 혹은 좁쌀 삶은 것 1/2컵, 레몬주스 1컵, 물 1/3컵, 마늘 1개, 오이 1/2개, 양파가루 1큰술. 모든 재료를 믹서에 넣고 간다. 모든 재료를 넣어 마구 섞는다.

- 키위 드레싱: 키위 2개, 샐러드유 7큰술, 식초 1큰술, 소금 2작은술, 후춧가루 약간

  그릇에 소금, 후춧가루를 넣고 식초는 분량의 반만 넣어 젓는다.

  샐러드유를 조금씩 넣어가면서 거품기로 저은 후 나머지 식초를 넣어 뽀얀 색이 날 때까지 다시 저어준다. 여기에 키위를 갈아 넣고 잘 섞어준다.

- 수박 드레싱: 수박 50g, 샐러드유 7큰술, 식초 5큰술, 소금 2작은술, 흰 후춧가루 약간

  그릇에 소금, 흰 후춧가루를 넣고 식초를 분량의 반만 섞는다.

  샐러드유를 조금씩 넣어가면서 거품기로 잘 저어준 다음, 나머지 식초를 넣고 뽀얀 색이 날 때까지 저어준다.

Caesar Salad
시저 샐러드

재료목록

- 달걀(60g) 2개(상온에 보관한 것)
- 디존 머스터드 10g
- 레몬 1개
- 로메인 상추 50g
- 마늘 1쪽
- 베이컨(길이 25~30cm) 1조각
- 안초비 3개
- 올리브오일(extra virgin) 20mL
- 카놀라오일 300mL
- 식빵(슬라이스) 1쪽

- 검은 후춧가루 5g
- 파미지아노 레기아노치즈(덩어리) 20g
- 화이트와인식초 20mL
- 소금 10g

요구사항 ※ 주어진 재료를 사용하여 다음과 같이 시저 샐러드를 만드시오.

❶ 마요네즈(100g 이상), 시저드레싱(100g 이상), 시저샐러드(전량)를 만들어 3가지를 각각 별도의 그릇에 담아 제출하시오.

❷ 마요네즈(mayonnaise)는 달걀 노른자, 카놀라오일, 레몬즙, 디존 머스터드, 화이트와인식초를 사용하여 만드시오.

❸ 시저드레싱(caesar dressing)은 마요네즈, 마늘, 안초비, 검은 후춧가루, 파미지아노 레기아노, 올리브오일, 디존 머스터드, 레몬즙을 사용하여 만드시오.

❹ 파미지아노 레기아노는 강판이나 채칼을 사용하시오.

❺ 시저샐러드(caesar salad)는 로메인 상추, 곁들임(크루통(1cm×1cm), 구운 베이컨(폭 0.5cm, 파미지아노 레기아노), 시저드레싱을 사용하여 만드시오.

조리기구 믹싱볼, 휘퍼, 박스그레이터(강판), 국자, 계량컵, 계량스푼, 체, 나무젓가락, 칼, 도마, 행주, 키친타월

만드는 법

1 로메인 상추를 깨끗이 씻어 찬물에 담가 놓는다.

2 파미지아노 레기아노 치즈를 박스그레이터에 갈아 놓는다.

3 마늘, 안초비를 곱게 다져 놓고 레몬은 즙을 짜 놓는다.

4 베이컨은 가로세로 0.7cm로 썰어 팬에 구워 기름기를 빼고 식빵은 가로세로 1.2cm로 썰어 팬에 구워놓는다.

5 믹싱볼에 계란 노른자를 깨서 넣고 디존 머스터드를 넣고 잘 섞어준 후 가장자리에 카놀라오일을 조금씩 넣고 휘퍼로 크게 회전하며 저어주며 화이트와인식초도 조금씩 넣으며 섞어 회전하며 저어준 후 레몬즙을 넣고 소금, 후추로 간을 하여 300ml를 완성하여 별도의 그릇에 100ml 담아 놓는다.

6 남은 마요네즈에 다진 마늘, 다진 안초비, 검은 후춧가루, 갈아 놓은 파미지아노 레기아노 치즈, 올리브기름, 디존 머스터드, 레몬즙을 넣고 잘 섞어 200ml를 완성한 후 별도의 그릇에 100ml 담아 놓는다.

7 남은 시저드레싱에 물기를 제거하여 6cm 정도의 크기로 자른 로메인 상추를 넣고 나무젓가락으로 잘 섞어준 후 접시에 담고 크루통, 구운 베이컨을 올리고 파미지아노 레기아노 치즈를 뿌려준다.

Potato Salad
포테이토 샐러드

재료목록

- 감자(150g) 1개
- 양파(중, 150g) 1/6개
- 파슬리(잎, 줄기 포함) 1줄기
- 소금(정제염) 5g
- 흰 후춧가루 1g
- 마요네즈 50g

요구사항 ※ **주어진 재료를 사용하여 다음과 같이 포테이토 샐러드를 만드시오.**

❶ 감자는 껍질을 벗긴 후 1cm의 정육면체로 썰어서 삶으시오.
❷ 양파는 곱게 다져 매운맛을 제거하시오.
❸ 파슬리는 다져서 사용하시오.

조리기구 자루냄비, 믹싱볼, 고운체, 계량컵, 계량스푼, 나무젓가락, 칼, 도마, 행주, 키친타월

만드는 법

1 감자는 가로세로 약 1cm의 주사위모양으로 고르게 썰어 물에 담가 전분성분을 빼고 소금을 첨가한 끓는 물에 삶는다.

2 감자가 익으면 체에 밭쳐 수분을 제거하여 접시에 펴서 식혀 놓는다.(이쑤시개를 이용하여 익은 정도를 확인하고 감자가 너무 많이 익히면 부서지므로 주의)

3 양파와 파슬리는 다져서 소창에 싸서 흐르는 찬물에 씻어낸 후 물기를 꼭 짜 놓는다.

4 믹싱볼에 마요네즈, 소금, 후추로 드레싱을 만들고 삶은 감자, 다진 양파를 넣고 잘 섞어준다.

5 샐러드 접시에 감자 샐러드를 담고 다진 파슬리를 뿌려 완성한다.

Waldorf Salad
월도프 샐러드

재료목록

- 사과(200~250g) 1개
  - 셀러리 30g
    - 호두(중, 겉껍질 제거한 것) 2개
    - 레몬(길이(장축)로 등분) 1/4개
    - 소금(정제염) 2g
    - 흰 후춧가루 1g
  - 마요네즈 60g
- 양상추 20g(2잎)
  (잎상추로 대체가능)
- 이쑤시개 1개

요구사항 ※ **주어진 재료를 사용하여 다음과 같이 월도프 샐러드를 만드시오.**

❶ 사과, 셀러리, 호두알을 1cm의 크기로 써시오.
❷ 사과의 껍질을 벗겨 변색되지 않게 하고, 호두알의 속껍질을 벗겨 사용하시오.
❸ 상추 위에 월도프 샐러드를 담아내시오.

조리기구 자루냄비, 믹싱볼, 고운체, 이쑤시개, 계량컵, 계량스푼, 나무젓가락, 칼, 도마, 행주, 키친타월

만드는 법

1 양상추를 물에 씻어 찬물에 담가 놓는다.

2 소량의 물을 끓여 그릇에 붓고 호두를 넣어 불려 놓는다.

3 사과의 껍질을 벗기고 씨를 제거한 후 사방 1cm 의 주사위형(Macedoine)으로 썰고 갈변을 방지 하기 위하여 소량의 소금물에 레몬즙을 넣고 사과 를 담가 놓는다.

4 셀러리도 껍질을 벗기고 사방 1cm의 주사위형으 로 썰어 놓는다.

5 불린 호두의 껍질을 이쑤시개를 이용하여 벗긴 다 음 사방 1cm로 썰어 놓는다.

6 믹싱볼에 마요네즈, 소금을 넣어 드레싱을 만든 후 사과, 셀러리, 호두를 넣고 혼합한다.

7 샐러드 접시에 양상추잎을 놓은 다음 잘 혼합된 샐 러드를 정결하게 놓고 고명으로 호두를 놓는다.

Seafood Salad
해산물 샐러드

재료목록

- 새우(30~40g) 3마리
- 관자살(개당 50~60g) 1개(해동지급)
- 피홍합(길이 7cm 이상) 3개
- 중합(지름 3cm) 3개
  (모시조개, 백합 등 대체가능)
- 양파(중, 150g) 1/4개
- 마늘(중, 깐 것) 1쪽
- 실파(1뿌리) 20g
- 그린치커리 2줄기
- 양상추 10g
- 롤라로사(lollo Rossa) 2잎
  (꽃(적)상추로 대체가능)

- 올리브오일 20mL
- 레몬(길이(장축)로 등분) 1/4개
- 식초 10mL
- 딜(fresh) 2줄기
- 월계수잎 1잎
- 셀러리 10g
- 흰 통후추 3개(검은 통후추 대체가능)
- 소금(정제염) 5g
- 흰 후춧가루 5g
- 당근 15g(둥근 모양이 유지되게 등분)

요구사항

※ **주어진 재료를 사용하여 다음과 같이 해산물 샐러드를 만드시오.**

❶ 미르포아(mirepoix), 향신료, 레몬을 이용하여 쿠르부용(court bouillon)을 만드시오.
❷ 해산물은 손질하여 쿠르부용(court bouillon)에 데쳐 사용하시오.
❸ 샐러드 채소는 깨끗이 손질하여 싱싱하게 하시오.
❹ 레몬 비네그레트는 양파, 레몬즙, 올리브오일 등을 사용하여 만드시오.

조리기구 자루냄비, 믹싱볼, 고운체, 이쑤시개, 계량컵, 계량스푼, 나무젓가락, 칼, 도마, 행주, 키친타월

만드는 법

1 그린치커리, 양상추, 롤라로사, 그린비타민, 딜, 실파를 깨끗이 씻어 찬물에 담가 놓는다.

2 홍합, 중합, 관자살, 새우는 깨끗이 손질한다.

3 양파, 셀러리, 당근은 같은 크기로 썰고 레몬, 월계수잎, 딜, 흰 통후추를 냄비에 넣고 물을 부어 끓으면 홍합, 중합, 새우, 관자살을 넣어 포칭(Poaching)한다.

4 양파, 마늘, 레몬 껍질, 딜은 곱게 다지고, 실파는 작게 자른다.

5 삶은 중합, 홍합은 껍질과 내장을 제거한다. 새우는 껍질을 벗겨 반으로 자르고 관자살은 2등분한다.

6 믹싱볼에 식초, 소금, 후추를 넣고 올리브 기름을 조금씩 넣고 유화시킨 후 레몬즙을 짜서 넣고 다진 양파, 마늘, 파, 딜을 섞어 레몬 비네그레트 드레싱을 완성한다.

7 접시에 야채를 깔고 해산물 샐러드를 담고 레몬, 딜, 실파로 장식한다.

Thousand Island Dressing
사우전 아일랜드 드레싱

재료목록

- 마요네즈 70g
  - 오이피클(개당 25~30g) 1/2개
  - 양파(중, 150g) 1/6개
  - 토마토케첩 20g
  - 소금(정제염) 2g
  - 흰 후춧가루 1g
  - 레몬(길이(장축)로 등분) 1/4개
- 달걀 1개
- 청피망(중, 75g) 1/4개
- 식초 10mL

요구사항 ※ **주어진 재료를 사용하여 다음과 같이 사우전 아일랜드 드레싱을 만드시오.**

❶ 드레싱은 핑크빛이 되도록 하시오.

❷ 다지는 재료는 0.2cm 크기로 하시오.

❸ 드레싱은 농도를 잘 맞추어 100mL 이상 제출하시오.

조리기구 믹싱볼, 자루냄비, 거품기, 소창, 계량컵, 계량스푼, 나무젓가락, 칼, 도마, 행주, 키친타월

만드는 법

1 자루냄비에 달걀이 충분히 잠길 정도의 물을 넣고 끓으면 소금을 넣은 후 달걀이 깨지지 않게 조심스럽게 넣어 12~13분 동안 삶아 꺼낸 뒤 찬물에 담가 식혀놓는다.(찬물에서 시작할 경우 16분간, 물이 끓기 시작해서 12~13분간 삶음)

2 양파, 청피망은 씻어 물기를 제거한 뒤 0.2cm의 두께로 썰고 오이피클도 0.2cm의 두께로 썰며 파슬리잎은 곱게 다져 소창에 싸서 찬물에 씻어 꼭 짠 다음 그릇에 담아 놓는다.

3 삶은 달걀은 껍질을 제거하고 노른자, 흰자를 분리해서 곱게 다져 준비하여 놓는다.

4 믹싱볼에 마요네즈와 케첩을 섞어서 진한 핑크색이 되도록 한다.

5 소스에 양파, 청피망, 오이피클, 달걀 흰자, 파슬리를 넣고 레몬즙을 첨가하여 골고루 잘 섞어준 후 오이피클 국물로 농도를 맞춘다.

6 마지막으로 달걀 노른자를 넣고 저어준 다음 그릇에 담아 완성한다.

Chapter 6

Poultry(가금류)

1. 가금류의 개요

Poultry란 우리말로 가금, 가금류란 뜻인데 가금이란 야생의 조류를 인간생활에 유용하게 길들이고 품종개량을 하여 육성한 조류로서, 그 생산물의 이용을 목적으로 하는 실용종과 모습, 소리 등을 감상하는 데 이용하는 애완용종이 있으며, 실용종은 그 목적에 따라 다시 난용종, 육용종, 난육겸용종으로 나눈다.

식용 가금으로는 닭, 칠면조, 오리, 거위, 꿩, 메추리 등이 있다. 오늘날 식용으로 이용되는 닭은 지금부터 약 3~4천 년 전에 동남아에서 들(야생) 닭을 사육하여 개량한 것으로 알려지고 있다. 닭고기는 피하에 노란 지방질이 많으나 근육질에는 적어 담백하고 연하므로 미식가들이 즐겨 먹는다.

식용으로 사용하는 닭은 병아리(400g 이하), 영계(800g 이하), 중닭(1,200g 이하), 성계(1,600g이나 그 이상), 노계 등으로 나눠진다. 산란을 오래한 노계나 닭살을 바르고 남은 뼈는 스톡이나 브이용을 만드는 데 사용한다. 우리나라 사람들은 닭다리 요리를 선호하지만 서양인은 가슴살을 선호한다. 이것은 아마도 요리 방법에 따르는 맛 때문에 생긴 성향이 아닌가 생각한다. 닭을 도살해서 2~3일 동안 낮은 온도의 냉장고에서 숙성시키면 육질이 연하고 맛이 좋아진다.

칠면조는 아메리카 대륙이 원산지로 콜럼버스의 신대륙 발견 이후 유럽에 전해졌다. 칠면조 요리는 추수감사절이나 크리스마스에 등장하는 요리로 일 년 내내 먹기 시작한 것은 최근의 일이다. 칠면조는 크기에 비하여 고기가 적으며, 저렴한 가격에 거래되고 있다.

오리는 고기보다 뼈와 지방질이 많으며, 연한 것이 특징이다. 오리보다 지방질이 더 많은 거위는 중국과 유럽에서 야생하는 기러기를 육용으로 사육한 것이 현재에 이르렀다. 거위는 고기보다 강제 사육하여 푸아그라(foie gras)를 생산하는 것으로 유명하다.

고기의 색깔에 따라 흰육(White Meat)과 흑육(Black Meat)으로 나뉜다. 흰육(White Meat)은 새끼병아리(Chick), 병아리(Cockerel), 영계(Spring chicken), 닭(Chicken), 케이펀(Capon), 헨(Hen), 어린 칠면조(Young Turkey), 칠면조(Turkey) 등으로 구분하고, 흑육(Black Meat)은 뿔닭(Guinea Fowl), 새끼오리(Duckling), 오리(Duck), 새끼거위(Gosling), 거위(Goose), 비둘기(Pigeon) 등으로 구분한다.

2. 가금류의 분류와 종류

1) 가금류

Black Chicken (오골계)	• **특성:** 닭의 한 품종, 살과 뼈가 검음, 수컷 1.5kg 안팎, 암컷 0.6~1.1kg, 둥근 체형, 흰색, 검은색, 쇠고기, 돼지고기보다 칼로리가 낮아 다이어트음식, 부인병 치료효과 • **조리방법:** Roasting, Galantine, Terrine, Boiling	
Chicken (닭)	• **특성:** 닭목 꿩과의 조류, 약 500종, 흰색, 갈색, 검은색, 머리에 붉은 볏이 있고 날개는 퇴화하여 잘 날지 못하며 다리는 튼튼함 • **조리방법:** Roasting, Galantine, Sauteing, Grilling	
Duck (오리)	• **특성:** 기러기목 오리과, 부리가 납작하고 양쪽 가장자리는 빗살모양이다. 물을 걸러서 낟알이나 물에 사는 동식물 등을 먹음, 닭고기에 비하여 육질이 질기고 비린내가 나며, 상대적으로 뼈와 기름이 많은 편 • **조리방법:** Roasting, Grilling, Braising, Smoking	

	Goose (거위)	• **특성:** 기러기목 오리과의 물새, 야생 기러기를 길들여 식육용으로 개량한 가금류, 연간 40개의 알을 낳음, 수명이 40~50년, 거위간을 이용한 요리(Foie gras) • **조리방법:** Roasting, Grilling, Braising, Boiling
	Pheasant (꿩)	• **특성:** 닭목 꿩과의 새, 전체 길이 수컷 80cm, 암컷 60cm, 생김새는 닭과 비슷하나 꼬리가 깊, 고단백, 저지방식품, 한국, 중국(동부), 일본 칠레(북동부) 등 분포 • **조리방법:** Roasting, Grilling, Braising, Boiling
	Pigeon (비둘기)	• **특성:** 조류 비둘기목 비둘기과의 총칭, 289종이 알려져 있지만 한국에는 멧비둘기, 양비둘기, 흑비둘기, 염주비둘기, 녹색비둘기 등 5종 • **조리방법:** Roasting, Sauteing, Grilling
	Quail (메추리)	• **특성:** 닭목 꿩과의 조류, 약 18~20cm, 흰색을 띤 황갈색 바탕에 검은색 세로무늬가 있으며 배쪽은 등쪽보다 연한 색을 띰, 엷은 크림색 눈썹선 있음, 수컷은 멱이 짙은 갈색이며, 암컷은 멱이 희고 가슴에 얼룩점이 있음 • **조리방법:** Roasting, Sauteing, Stuffing
	Spring chicken (영계)	• **특성:** 육질이 선홍색이고 크기가 적당하며 살이 두텁고 윤기가 흐르면서 탄력이 있는 것이 좋음, 무게가 2.6kg 이하, 부화 후 10주 이내인 어린 닭 • **조리방법:** Roasting, Galantine, Sauteing, Grilling
	Turkey (칠면조)	• **특성:** 닭목 칠면조과의 조류, 북아메리카와 멕시코가 원산지, 몸길이는 수컷 약 1.2m, 암컷 약 0.9m이고 몸무게는 수컷 5.8~6.8kg, 암컷 3.6~4.6kg이다. 야생종은 초지에서 산지에 걸쳐 생활 • **조리방법:** Roasting, Sauteing, Grilling, Smoking

3. 손질요령

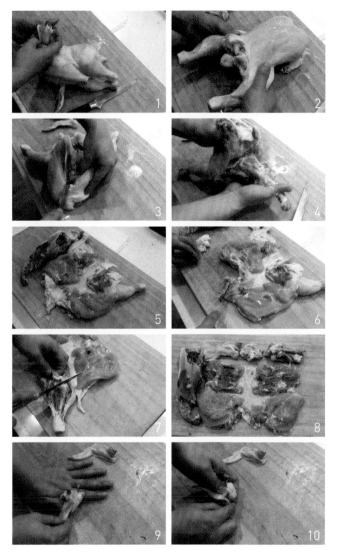

① 닭 날개의 한 마디를 남기고 자른다.

② 닭다리를 바깥쪽으로 꺾어 놓는다.

③ 가슴의 가운데 뼈의 양쪽에 칼집을 넣어 살을 발라낸다.

④ 살을 잡아 등쪽으로 잡아당긴다.

⑤ 살과 뼈를 분리한다.

⑥ 날개 쪽의 뼈를 제거한다.

⑦ 다리 뼈를 제거한다.

⑧ 살과 모든 뼈를 제거한다.

⑨ 날개 뼈를 안쪽에서 바깥쪽으로 꺾는다.

⑩ 눌러 작은 뼈를 꺾어서 제거한다.

Chicken a'la King
치킨 알라킹

재료목록

- 닭다리(한 마리 1.2kg) 1개
  (허벅지살 포함, 반마리 지급 가능)
- 청피망(중, 75g) 1/4개
- 홍피망(중, 75g) 1/6개
- 양파(중, 150g) 1/6개
- 양송이(20g) 2개
- 버터(무염) 20g
- 밀가루(중력분) 15g
- 우유 150mL
- 정향 1개

- 생크림(동물성) 20mL
- 소금(정제염) 2g
- 흰 후춧가루 2g
- 월계수잎 1잎

요구사항 ※ **주어진 재료를 사용하여 다음과 같이 치킨 알라킹을 만드시오.**

❶ 완성된 닭고기와 채소, 버섯의 크기는 1.8cm×1.8cm로 균일하게 하시오.
❷ 닭뼈를 이용하여 치킨 육수를 만들어 사용하시오.
❸ 화이트 루(roux)를 이용하여 베샤멜소스(bechamel sauce)를 만들어 사용하시오.

조리기구 프라이팬, 자루냄비, 고운체, 나무주걱, 나무젓가락, 소창, 계량컵, 계량스푼, 칼, 도마, 행주, 키친타월

만드는 법

1 양파, 청피망, 홍피망은 사방 1.8cm 정도의 크기로 썰고 양송이는 껍질을 벗겨 사방 1.8cm 정도의 크기로 썰어 놓는다.

2 닭다리는 살을 잘 발라내고 물에 잠시 담가 뼈의 핏물을 빼고 발라낸 살은 껍질을 벗긴 후 2cm 정도의 크기로 썰어 소금, 후추로 간을 해 놓는다.

3 자루냄비에 뼈와 찬물을 넣고 끓이면서 거품이나 기름기는 제거하고 양파를 넣고 닭고기 육수(Chicken Stock)를 만든다.

4 자루냄비에 버터를 녹인 후 밀가루를 넣어 화이트 루(White Roux)를 만들고 우유를 조금씩 부어가면서 덩어리가 생기지 않게 잘 풀어주고 닭고기 육수와 월계수잎, 정향을 양파에 꽂아 넣고 은근하게 끓인다.(덩어리가 있을 경우 고운체에 걸러 사용)

5 프라이팬에 버터를 넣고 닭고기를 볶다가 양파, 청피망, 홍피망을 넣고 빠르게 볶아낸 후 소스에 넣고 끓인다.(버터가 타지 않게 하고 피망은 변색되므로 살짝 볶음)

6 고기와 야채가 완전히 익고 소스의 농도가 적당할 때 생크림을 넣어 소금, 후추로 간을 하고 마무리한 후 그릇에 담아 완성한다.

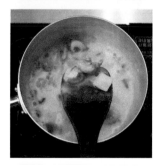

Chicken Cutlet

치킨 커틀렛

재료목록

- 닭다리(한 마리 1.2kg, 허벅지살 포함 반마리
  지급 가능) 1개
  - 달걀 1개
  - 밀가루(중력분) 30g
  - 빵가루(마른 것) 50g
  - 소금(정제염) 2g
- 검은 후춧가루 2g
- 식용유 500mL
- 냅킨(흰색, 기름 제거용) 2장

요구사항 ※ 주어진 재료를 사용하여 다음과 같이 치킨 커틀렛을 만드시오.

❶ 닭은 껍질째 사용하시오.
❷ 완성된 커틀렛의 색에 유의하고 두께는 1cm로 하시오.
❸ 딥팻프라이(deep fat frying)로 하시오.

조리기구 프라이팬, 나무젓가락, 믹싱볼, 계량컵, 계량스푼, 칼, 도마, 행주, 키친타월

만드는 법

1 닭은 뼈를 발라낸 후 도톰한 부위에 칼등으로 두드려 닭살의 0.5cm의 두께로 고르게 타원형으로 펴 놓는다. (닭 껍질 쪽에 칼 끝부분으로 칼집을 넣어야 튀길 때 뒤틀림이 방지됨)

2 손질한 닭고기에 소금, 후추로 간을 하여 놓는다.

3 닭고기에 밀가루를 골고루 묻히고 풀어 놓은 계란물을 입힌 후 빵가루를 살짝 누르면서 골고루 입혀 놓는다.(모양이 흐트러지지 않게 주의)

4 프라이팬에 기름을 넉넉히 두른 뒤 딥팻프라이(deep fat frying)하고 튀김기름의 온도를 170℃ 정도로 가열한 후 황금색이 되도록 튀겨 냅킨에서 기름기를 빼고 접시에 담아 완성한다.(온도가 높으면 색이 빨리 나고 온도가 낮으면 기름을 많이 먹을 수 있으므로 튀김온도에 주의)

Chapter 7

Meat(육류)

1. 육류의 개요

인간은 선사시대부터 산이나 들에서 야생하는 식물의 열매를 따서 먹음으로써 탄수화물이나 기타 무기질을 섭취하였고, 들짐승이나 새들을 사냥하여 육류의 단백질을 섭취하였다. 불을 발견하면서 고기를 구워 먹게 되었고, 그 후부터 육류는 인간의 식생활에서 빠질 수 없는 고급단백질 공급원으로 자리 잡게 되었다. 식문화가 발달하면서 사람은 야생동물을 순치 개량하여 집에서 기르기 시작하였는데 이를 가축이라는 이름으로 현재 다양한 동물들이 사육되고 있다. 이러한 가축에서 생산되는 도체를 육류라고 하며, 이는 소, 돼지, 양 등의 동물의 고기를 뜻한다.

육류는 양질의 단백질과 지질 등이 풍부하게 함유되어 있고, 비타민 B_1, B_2와 무기질 등이 들어 있는 우리 몸에 꼭 필요한 기초식품이다. 육류는 근육조직, 결합조직, 지방조직 등의 3가지로 구성되어 있으며 뼈 등의 골격과 연결되어 있고, 도살 직후에는 근육이 뻣뻣해졌다가 일정 시간이 지나면 부드러워지는데 이러한 점을 사후 경직이라 한다. 경직기가 지나면 자기 소화기에 들어가는데 이 과정을 자기 숙성이라 한다. 대부분의 육류는 이러한 숙성과정을 거쳐야 고기 맛이 좋아지고 보존성도 증가되며 향기와 맛이 좋아진다. 육류의 성분을 살펴보면, 대체로 수분이 70%이며 단백질 20%를 포함하여 지방, 당질, 칼슘, 인, 철 등의 무기질과 비타민류 등으로 구성되어 있다.

육류라고 하는 것은 소, 송아지, 양 등 동물의 도체에서 생산되는 고기를 의미한다. 질 좋은 수육을 생산하려면 우량한 도체가 필요하다. 먼저 축육의 체형, 성별, 연령, 품종, 영양 상태에 따라 육질이 좌우된다. 오늘날의 고기 소비 경향은 전반적으로 지방보다 살코기를 더 선호하는데, 이와 같은 소비성향은 지방의 섭취에 의해서 체내에 콜레스테롤의 양이 증가된다는 사실이 알려짐으로써 더욱 커지고 있다.

식육의 성분은 60~80%가 수분이고, 수분을 제외하면 단백질이 주성분이다. 단백질에 이어 중요한 것은 지방으로 피하·장강(腸腔)·근육에 축적되는데 부위에 따라 함량이 다르다. 고기에는 소량의 글리코겐·포도당·갈락토오스 등의 탄수화물이 들어 있다. 글리코겐은 새로 잡은 고기에 있고 숙성할수록 파괴되어 양이 감소한다.

말고기에는 특히 2.3%나 함유되어 있다. 간에는 섭취한 탄수화물이 글리코겐의 형태로 저장되므로 근육에 비하면 훨씬 많다. 육류의 감칠맛과 관계 있는 성분으로 육류에는 약 2%의 가용성 고형물질이 함유되어 있다.

고기를 삶을 때 국물에는 유기·무기화합물이 우러나오는데 특히 유기염류가 많다. 구수한 맛성분으로는 이노신산·크레아틴·크레아티닌·메틸구아니딘·카노신·콜린 염기류·푸린 염기류·글루탐산 등이 있다.

2. 육류의 구성요소

식용할 수 있는 동물의 육은 근육조직(muscle tissue), 결체조직(connective tissue), 지방조직(adipose tissue), 골격(bone)으로 구분한다.

1) 근육조직

근육조직은 육류 조직 중에서 가장 중요한 식용부분으로 횡근문(橫紋筋)이 주를 이루며 동물 신체의 30~40%를 차지한다. 횡문근의 근육조직은 근섬유로 구성되어 있는데, 크기는 다양하지만 거의가 매우 가늘고 긴 모양을 나타낸다. 지름은 1~100㎛이며, 길이는 수 mm~10cm 정도이다. 근섬유 내에는 근장이라고 하는 점도 높은 액체가 있으며, 근장에는 무기질, 비타민, 미오글로빈, 효소, 단백질 등이 용해되어 있다. 또한 근섬유 내부는 미오필라멘트로 구성된 직경 $1~3\mu m$ 정도의 가늘고 긴 근원섬유가 들어 있으며, 이것을 전자현미경으로 관찰하면 어둡고 밝은 부분으로 나타난다. 근섬유 약 50~150개가 모여서 근속을 형성하며 근속을 덮고 있는 막을 내근주막이라 하고, 여러 개의 근속들을 둘러싼 막을 외근주막이라 한다. 이들 내근주막과 외근주막은 모두 결체조직으로 이루어져 있다. 근속의 크기가 큰 것은 육의 질감이 거칠고 질기며, 크기가 작은 것은 육의 질감이 부드럽고 매끈하여 연하다.

2) 결체조직

결체조직은 동물의 신체에서 몇 가지 역할을 한다.

근섬유를 둘러싸고 있는 막을 말하며 근속과 근속을 연결시키는 역할을 하고 근육을 골격에 연결시키며 2개의 뼈를 연결시키는 데 필요한 인대를 이루며 체표면을 이루는 가죽을 만든다.

결체조직은 질기고 강한 섬유상을 나타내며 육류의 질감과 관계가 깊은 것으로 콜라겐, 엘라스틴, 레티큘린, 그라운드 섭스텐스의 4종류로 분류할 수 있다. 이들 중 조리와 가장 관계가 깊은 단백질은 콜라겐인데, 콜라겐은 60~75℃로 가열했을 때 길이가 $\frac{1}{3}$ 정도로 수축되지만, 장시간 습열조리하면 불용성에서 가용성으로 바뀌면서 젤라틴으로 변화한다.

한편, 엘라스틴은 황색의 탄력성이 강한 섬유질로 이루어져 있으며, 콜라겐보다 훨씬 질겨서 오랜 시간 가열하여도 쉽게 연화되지 않는다. 그러나 근육조직에는 엘라스틴이 소량 함유되어 있으므로 조리에 크게 영향을 주지는 않는다.

레티큘린은 콜라겐의 일종인 섬유상 단백질이고, 그라운드 섭스텐스는 혈장단백질과 당단백질로 구성되어 있다.

3) 지방조직

지방조직은 근육과 결체조직 중에 존재하며, 특히 피하나 내장 주위에 층을 이루며 축적되어 있다. 세포에 지방이 크게 침착되어 있는 것을 지방조직이라 하며, 근육 내에는 백색의 작은 반점 같은 형태로 존재한다. 특히 근육과, 근속막, 근섬유막 등에 지방이 골고루 침착되어 근육 내에 미세한 지방조직이 고르게 분포된 상태를 마블링이라 하며, 마블링이 잘 이루어진 육류를 상강육이라 한다.

마블링은 육질을 연화시킬 뿐만 아니라 입안에서의 촉감과 풍미를 좋게 한다. 마블링이 있는 육류는 건열조리가 적당한데, 가열처리 시에 지방조직이 녹아 윤활유 열할을 하여 입안에서의 촉감을 좋게 해준다.

지방조직은 동물이 어릴 때는 백색을 나타내다가 나이가 들어 갈수록 노란색을 나타내는데, 이는 지용성인 카로티노이드계 색소가 축적되기 때문이다.

4) 골격

골격의 상태는 동물의 연령에 따라 크게 달라지는데, 근육과 골격의 비율을 비교한다. 식용을 위한 동물은 골격에 비하여 근육의 함량이 많은 것을 선택해야 한다.

골격의 내부는 황색골수가 채워진 것도 있으며, 해면모양으로 이루어져 있고 그 사이에 적색골수가 채워진 것도 있다.

3. 육류의 사후경직과 숙성

동물은 도살한 직후에는 근육이 부드러운 상태나 시간이 경과됨에 따라 근육이 신장성을 잃게 되며, 호흡을 통한 산소공급이 중지되고 혈액순환이 멈추게 되어 혐기적 해당작용의 진행으로 근육 내에 젖산이 축적된다. 따라서 도살된 후 pH가 6.5 이하가 되면 미오신과 결합한 ATP는 산성에서 활성화되는 인산효소의 작용을 받아 미오신과 ADP로 분해되며, 이때 분리된 미오신은 액틴과 결합하여 액토미오신을 생성한다. 액토미오신은 신장성이 적고 망상구조를 지니며 매우 단단한 것으로, 액토미오신이 생성된 상태를 사후경직이라 부른다.

사후경직이 일어나는 시기와 기간은 동물의 종류, 도살방법 등에 따라 다른데 소와 말의 경우는 12~24시간, 돼지의 경우는 2~3일이며, 닭은 6~12시간이다.

사후경직이 어느 정도 지속되면 체내에 존재하는 단백질 분해효소에 의하여 자가소화가 일어나게 된다. 즉 근육에 존재하는 카뎁신이라는 단백질 분해효소에 의해 고분자인 단백질이 저분자인 펩타이드나 아미노산으로 분해되며, 액틴과 미오신 사이에 존재하던 결합이 파괴되어 고기의 조직이 부드럽고 연해지는 과정을 숙성이라 한다.

숙성은 효소에 의한 단백질 분해반응에 의해 나타나는 것으로, 온도가 높아지면 숙성이 빠르게 일어나나 미생물의 번식이 우려되므로 10℃ 이하의 저온에서 숙성하는 것이 일반적이다. 예로 쇠고기의 경우 4~7℃에서 숙성하면 7~10일이 소요되며, 2℃에서 숙성하면 약 2주일이 소요된다.

숙성이 완료된 고기는 보수성이 증가되며, 보수성이 높은 고기는 조리 시 육즙의 손실이 적어져서 연해진다. 그 밖에도 ATP가 ATPase의 작용을 받아 ADP를 거쳐 AMP로 분해되며, AMP는 이노신산으로 분해되고, 또 이노신산은 저장 중에 다시 하이포잔신과 이노신으로 분해되면서 맛성분이 생긴다. (ATP→ADP→AMP→IMP→Inosine→Hypoxanthine)

4. 육류의 연화

1) 육질에 영향을 주는 요인

좋은 고기란 연한 고기를 일컬을 정도로 고기의 질감을 평가할 때 대부분 부드러운 육질을 선호한다. 연한 육질에 영향을 주는 요인으로는 다음 몇 가지를 들 수 있다.

– 동물의 연령
일반적으로 늙은 동물의 근육이 어린 동물의 근육보다 질긴데, 이는 늙은 동물의 근육은 어린 동물의 근육보다 결체조직이 많기 때문이다.

- 근육의 운동량

운동량이 적은 부위인 등심, 안심, 갈비 부분은 운동량이 많은 목, 다리 부분에 비하여 연하다.

- 지방의 분포상태

지방의 분포가 고르게 나타난 상강육은 연하지만 근섬유만 늘어선 경우는 질기다.

2) 육류의 연화방법

육류를 부드럽게 조리하기 위해서는 자르는 것과 관련된 물리적인 방법, 조미에 이용되는 화학적인 방법과 단백질 분해효소를 사용하는 방법을 활용할 수 있다.

- 물리적인 방법

육질을 연하게 하기 위한 물리적인 방법에는 두 가지가 있다.

근섬유의 길이를 줄이는 것이다.

근섬유의 결과 반대방향으로 썰어주거나 칼집을 넣어 근섬유의 길이가 짧아지도록 한다.

결체조직을 잘라주는 것이다.

고리를 다지거나 곱게 갈아주는 것으로 근섬유를 파괴시키거나 결체조직을 잘게 잘라준다.

- 화학적인 방법

화학적인 방법은 양념을 사용하는 방법으로 다음 몇 가지를 들 수 있다.

• 간장, 소금 첨가

간장이나 소금을 사용하여 1.3~1.5%의 염도를 만들어주는 것이다. 근원섬유의 단백질이 염에 의해 용해되기 때문에 단백질의 수화력을 향상시킬 수 있기 때문이다. 그러나 염농도를 10~15%로 하면 오히려 탈수가 일어나 중량이 감소하고 육질이 더욱 질겨지게 되며 맛이 없어진다.

- **설탕 첨가**

설탕분자의 −OH기가 단백질과 수소 결합하여 구조를 안정화시킴으로써 단백질의 열응고 온도를 상승시켜 고기를 연화시킨다.

- **꿀 첨가**

꿀에 함유된 과당의 보수성으로 수화되어 고기가 연해진다.

- **약산성화**

pH를 약산성으로 해주면 수화력이 증가되어 고기가 연해진다. 따라서 육류요리를 하기 전에 식초, 토마토 주스, 과즙 등을 첨가하거나 프렌치 드레싱이나 식초와 기름의 혼합액에 담가두었다가 조리한다. 반면 과도하게 산을 첨가하여 pH가 5.5 부근이 되면 등전점이 되어 고기가 가장 질겨지므로 주의하여야 한다.

– 효소에 의한 방법

질긴 고기를 조리할 때 단백질 분해효소를 첨가하여 결체조직이나 근섬유의 단백질을 가수분해하는 방법이 있다. 열대식물인 파파야에 함유된 파파인, 파인애플에 함유된 브로멜린, 무화과에 함유된 피신, 생강 등에 함유된 단백질 분해효소가 주로 육류의 단백질 가수분해에 이용되는 효소이다. 그 밖에 예로부터 배와 무를 사용하여 육류를 연화시켰는데, 이것도 배나 무에 있는 단백질 분해효소의 작용을 이용한 것이다. 최근에는 키위에 강력한 단백질 분해효소가 존재한다는 사실도 밝혀졌다.

이들 효소는 근섬유를 둘러싸고 있는 콜라겐·엘라스틴 같은 결체조직을 분해하며 실온에서는 서서히 작용하므로 충분한 반응시간을 지녀야 활성을 나타낸다. 그러나 파파인의 경우 상온에서는 거의 작용하지 않고 55~80℃의 범위에서 활성을 지니며, 85℃에서는 불활성화된다.

고기에 단백질 분해효소를 사용할 때는 얇게 썬 고기에 단백질 분해효소를 고루 뿌리거나, 덩어리로 썬 고기의 표면에 단백질 분해효소를 뿌려주고, 포크를 이용하여 단백질 분해효소를 고기의 내부로 찔러 넣는 방법이 있다.

5. 육류의 특성

육류의 전체적인 특성을 알아보면 육류는 수분이 60~75%, 단백질이 20%, 지방, 당질, 칼슘, 인, 철 등의 무기질과 비타민류 등으로 구성되어 있는데 자체의 열량은 낮으나, 철분이나 지방의 연소를 촉진시키므로 인체에 들어가면 고열량을 낸다. 지방함유량은 육류의 종류와 부위에 따라 다르고 일반적으로 동물성 기름은 포화지방산의 양이 불포화지방산보다 많아 고혈압이나 동맥경화와 같은 성인병의 원인이 되기 쉽기 때문에 육류의 과잉섭취를 삼가는 게 좋다.

종합적으로 육류의 특성을 정리해 보면 인체에 들어가 고열량을 내고 동물성 기름은 포화지방산 함량이 높아 고혈압이나 동맥경화와 같은 성인병의 원인이 된다.

육류의 부위	영양소
간	비타민 A, 비타민 D, 인, 철분
뼈	칼슘
내장	여러 종류의 비타민
근육	비타민 B
신장	인, 철분

6. 육류의 분류와 종류

1) 소고기

소목 솟과의 포유류로 임신기간 270~290일, 1~2마리 낳고, 약 20년 동안 생존한다. 뿔의 단면은 원형으로 정수리의 양쪽에서 나오며, 어깨의

용기가 약하고 체모가 짧다. 소는 영어로 거세하지 않은 수컷을 불(bull), 암컷을 카우 (cow)라 하고, 가축화된 소를 총칭하여 캐틀(cattle)이라고 한다. 전체적으로 부드럽고 짧은 털로 덮여 있으며 대체로 갈색이며 가축소의 경우 혈통에 따라 흰색에서 갈색, 검은 색까지 다양한 색을 가지며 얼룩무늬나 점박무늬를 가지기도 한다.

소는 소속에 속한 초식동물로, 집짐승의 하나이다. 소는 사람에게 개 다음으로 일찍 부터 가축화되어 경제적 가치가 높으므로 세계 각지에서 사육되고 있다. 소가 가축화된 것은 기원전 7000~6000년경으로, 중앙아시아와 서아시아에서 사육되기 시작하였고, 점 차 동서로 퍼지게 된 것으로 추정된다.

암소의 수태 기간은 9개월이다. 막 태어난 송아지의 몸무게는 대략 35~45kg이다. 아 주 큰 수송아지는 4,000파운드(약 1.8톤)까지도 나간다. 소의 최장 수명은 25년이다.

소는 일반적으로 용도에 따라 젖을 짜기 위한 유용종, 고기를 얻기 위한 육용종, 일을 부리기 위한 역용종, 젖과 고기 생산을 겸하는 겸용종 등으로 분류된다. 한우는 역용종 에 속한다. 역용종에는 한우, 동남아시아에서 농사를 짓기 위해 기르는 물소가 있다.

쇠고기는 좋은 질의 동물성 단백질과 비타민 A, B_1, B_2 등을 함유하고 있어 영양가가 높은 식품이다. 소의 나이 · 성별 · 부위에 따라 고기의 유연성 · 빛깔 · 풍미가 다르다. 쇠고기는 고기소로 사육한 4~5세의 암소고기가 연하고 가장 좋으며, 그 다음에는 비육 한 수소, 어린 소, 송아지, 늙은 소의 순으로 맛이 떨어진다고 알려져 있다. 약간 오렌지 색을 띤 선명한 적색으로서 살결이 곱고 백색이면서 끈적거리는 느낌의 지방이 있는 것 이 좋다. 지방이 붉은 살 속에 곱게 분산된 것일수록 입안의 촉감이 좋고 가열조리하여 도 단단해지지 않는다. 이유는 고기의 단백섬유는 급속히 가열될 때 수축되어 단단해지 는 성질을 가지고 있으나, 지방은 열의 전달이 느리므로 붉은 살 부분의 급속한 온도 상 승을 방지하기 때문이다.

2) 돼지고기

돼지속의 동물로, 고기를 이용할 목적으로 기른
다. 영어로는 pig · hog · swine 등으로 쓰이고 수
돼지는 boar, 암돼지는 sow로 표현한다. 털색은 핑
크색이며 몸무게 230g 이상이다. 돼지는 두꺼운
몸통과 짧은 다리, 작은 눈 그리고 짧은 꼬리를 가
지고 있다. 짝짓기는 연중이고 번식기도 연중이며
초산연령이 8~18개월이다. 임신기간(포란기간)은 114~115일이며 새끼수(산란수)는
6~12마리이다. 가축화된 돼지는 고기를 얻기 위해 사육된다. 돼지는 땀샘이 없어 추위
와 더위에 민감하다.

돼지가 가축화된 시기는 동남아시아에서는 약 4800년 전, 유럽에서는 약 3500년 전이
며, 한국에 개량종 돼지가 들어온 것은 1903년이다.

3) 양고기

어린 양의 고기는 새끼양고기(lamb)라 하여 구
별한다. 양은 외국에서는 유사 이전부터 길렀으나
한국에서는 백제 때부터 사육한 것으로 알려졌고,
최근에는 털 생산용으로 사육되고 있을 뿐 식육 생
산용으로는 사육하지 않는다. 양고기는 섬유질이
연하므로 돼지고기의 대용으로 사용되지만 특유한
냄새가 난다. 냄새를 없애는 데는 생강 · 마늘 · 파 · 후춧가루 · 카레가루 · 포도주 등이
사용되며 끓는 물에 1번 데쳐도 된다.

고기 빛깔이 밝고 광택이 있으며 지방질이 적당히 섞인 백색의 것이 좋다.

생후 24개월 이상의 성숙 면양의 고기를 mutton이라 부르고 12개월 이내의 젊은 면양
의 고기는 lamb이라고 한다. 양고기의 근육섬유는 가늘고 점조성이 풍부하고 우수하지

만 지방함량이 높고 특이한 냄새(낙산이 많다)를 갖기 때문에 지방이 지나치게 많은 것은 원래 가공용에는 알맞지 않다. 따라서 탈색, 탈취를 한 뒤 육제품 제조 원료로 사용되고 있다. 또 어린 양고기(lamb)는 양고기 중에서도 최고급의 것으로 그 특징은 양고기 특유의 냄새가 없고 풍미도 양호하고 육질도 부드럽다. 세계 각국에서 좋아하고 있다.

4) 염소

소목 솟과의 포유류로 가축인 염소류와 야생인 염소류, 즉 들염소(wild goat) · 마코르(makhor) · 투르(tur) · 아이벡스(ibexs) 등을 포함한다.

양과 아주 비슷하여 구별하기가 어려우나, 염소의 수컷에는 턱수염이 있고, 양에게서 볼 수 있는 안하선(眼下腺) · 서혜선(鼠蹊腺) · 제간선(蹄間腺) 등이 없으며, 꼬리의 밑부분 아랫면에 고약한 냄새를 분비하는 샘[腺]이 있다. 네 다리와 목은 짧고, 코끝에는 털이 있다.

뿔의 단면은 삼각형 또는 호리병박 모양이며, 뿔의 앞면에는 혹처럼 생긴 것이 있거나 주름이 많다. 뿔은 소용돌이 모양 또는 나사선 모양으로 비틀려 있다. 뿔은 암수 모두 있는 것과 없는 것이 있다. 가축염소(Capra hircus)는 몸무게가 수컷 60~90㎏, 암컷 45~60㎏이고, 야생인 염소류의 어깨높이는 약 1m이다.

몸털은 양과 같이 부드러우나 양털 모양은 아니다. 몸빛깔은 갈색 · 검은색 · 흰색과 갈색 및 회색을 띤 갈색에 검은 무늬가 있는 것 등 여러 가지이다.

험준한 산에서 서식한다. 먹이는 나뭇잎 · 새싹 · 풀잎 등 식물질이고, 사육하는 경우에도 거친 먹이에 잘 견딘다. 임신기간은 145~160일이며, 한배에 1~2마리의 새끼를 낳는다. 갓 태어난 새끼는 털이 있고, 눈을 떴으며, 생후 며칠이 지나면 걸을 수 있다. 생후 3~4개월이면 번식이 가능하다. 수명은 10~14년이다.

5) 사슴

소목 사슴과에 속하는 동물의 총칭으로 몸길이 30~310㎝, 어깨높이 20~235㎝로, 소형종에서 대형종에 이르기까지 크기가 다양하다. 암컷은 수컷보다 몸집이 약간 작고, 뿔이 없다. 뿔은 중실(中實)로서 골질의 가지뿔과 가지의 수는 나이나 장소에 따라 다르다.

위턱에 앞니가 없고, 사향노루·고라니·키용 등에서는 위턱송곳니가 엄니로 발달한다. 아래턱송곳니는 앞니 모양을 하고 있다. 뿔의 크기와 송곳니의 발달과는 서로 연관이 있어 보인다. 장대한 엄니를 가진 사향노루·고라니 등은 뿔이 없고, 키용류는 뿔이 작다.

6) 노루

소목 사슴과의 포유류로 몸길이 100~120㎝, 어깨높이 60~75㎝, 몸무게 15~30㎏이다. 뿔은 수컷에게만 있으며, 3개의 가지가 있는데, 11~12월에 떨어지고 새로운 뿔은 5~6월에 완전히 나온다. 꼬리는 매우 짧다. 여름털은 노란빛이나 붉은빛을 띤 갈색이고, 겨울털은 올리브색 또는 점토색이다. 목과 볼기에는 흰색의 큰 얼룩무늬가 나타난다.

높은 산 또는 야산과 같은 산림지대나 숲 가장자리에 서식하며, 다른 동물과 달리 겨울에도 양지보다 음지를 선택하여 서식하는 특성이 있다. 아침·저녁에 작은 무리를 지어 잡초나 나무의 어린싹·잎·열매 등을 먹는다.

번식기는 9~11월이고, 임신기간은 약 300일이며 1~3마리의 새끼를 낳는다. 새끼는 희끗희끗한 얼룩무늬가 있고, 생후 1시간이면 걸어다닐 수 있으며, 2~3일만 지나면 사람이 뛰는 속도로는 도저히 따라갈 수 없게 된다. 수명은 10~12년이다. 3아종이 있다.

한국 · 중국 · 헤이룽강 · 중앙아시아 · 유럽 등지에 분포한다.

7) 순록

소목 사슴과의 포유류로 토나카이라고도 한다.
몸길이 1.2~2.2m, 어깨높이 0.8~1.5m, 몸무게
60~318kg이다. 사슴류 중에서 가축화된 유일한
종류이다. 순록은 많은 아종(亞種)으로 나누어지
지만 크게 두 그룹으로 나뉜다.

코 끝은 털로 덮여 있어 보온과 눈 속에서 먹이
를 찾는 데 도움이 된다. 발굽은 너비가 넓고 편평하게 퍼졌으며, 곁굽이 있다. 눈 위나
얼음 위를 활동하는 데 알맞도록 발굽 사이에 긴 털이 나 있다. 귀가 매우 작아 체열이
소모되지 않는다.

보통 5~100마리가 무리를 지어 생활하며, 순록이끼 등의 지의류를 주식으로 하고,
그 외에 마른 풀이나 버드나무의 잎, 쑥, 속새 등을 먹는다. 봄에 수컷과 암컷이 따로 무
리를 이루고, 가을의 번식기에는 수컷이 많은 암컷을 거느린다. 임신기간은 227~229일
이며, 5~6월에 한배에 1마리의 새끼를 낳는다.

8) 토끼

토끼목 토끼과에 속하는 동물의 총칭으로 중치
류(重齒類)라고도 한다. 아프리카 · 아메리카 · 아
시아 · 유럽에 분포하며 종류가 많다. 일반적으로
토끼라고 하면 유럽굴토끼의 축용종(畜用種)인 집
토끼를 가리킬 때가 많다. 귀가 길고 꼬리는 짧으
며, 쥐목(설치류)과 달라서 위턱의 앞니가 2쌍이

고, 아래턱을 양옆으로 움직여서 먹이를 먹는다. 종에 따라 크기는 매우 다양하며 작게
는 1~1.5kg, 크게는 7~8kg에 달하기도 한다.

7. 손질요령

1) 소 안심의 손질법

① 묻어 있는 핏물을 제거한다.
② 안심의 머리 부분에 박혀 있는 힘줄에 칼집을 넣는다.
③ 끝부분을 잡고 칼을 대어 긁어 낸다.
④ 힘줄을 잡아당기면서 칼을 대어 힘줄과 살을 분리한다.
⑤ 뒷면 부분의 지방을 제거한다.
⑥ 용도에 맞게 부위별로 절단한다.

2) 소안심의 부위별 명칭

- 헤드(Head): 쇠고기 안심의 첫 번째 부위
- 사또브리앙(Chateaubriand): 안심 중 가장 연한 부위로 통째로 구워 제공
- 필렛스테이크(Filet Steak): 안심 중 가장 연한 부위 Steak로 구워 제공
- 투르네도(Tournedos): 안심의 얇은 끝부분 140g 정도, "눈 깜짝할 사이 스테이크"
- 필렛미뇽(Filet mignon): "아주 예쁜 소형의 안심 스테이크"라는 의미
- 필렛 팁(Filet Tip): 안심의 가장 끝부분

8. 스테이크(Steak)

1) 유래

- **등심 스테이크(sirloin)**: 영국에서 등심(Sirloin)스테이크의 본래 명칭은 '로인 오브 비프(Loin of Beef)'였으나 영국 국왕 찰스 2세(1660~1685)의 요리장은 항상 둔부에 가까운 로인을 왕에게 구워드렸다. 이 스테이크를 즐겨 먹던 찰스 2세는 어느 날 시종에게 "식사 때마다 짐을 즐겁게 해주는 이 고기가 무엇인고"라고 물었다. 시종이 식탁에 있는 고기를 가리키며 '로인 오브 비프'라고 대답했고, 왕은 검을 가져오게 하여 'Sir? Loin?'이라고 나이트(Night) 작위를 수여하면서부터 서로인(Sirloin)이라 불리고 있음

- **살리스버리 스테이크(salisbury)**: 살리스버리라는 사람이 사람들에게 쇠고기를 먹이려고 했는데 그냥 고깃덩어리를 먹이니 사람들이 자주 체하는 모습을 보게 됐고, 그래서 살리스 버리라는 사람이 생각해 낸 것이 야채와 고기를 다져서 입자를 작게 하면 소화가 더 잘 된다고 생각해서 만들게 된 것

- **뉴욕스테이크(New york)**: 소 등심 중 기름기가 가장 적은 가운데 부분으로, 자른 고기 모양이 미국 뉴욕주와 바슷하다 하여 붙여진 이름

- **스트립로인(Striploin)**: 등쪽에서 엉덩이 전까지의 부위를 로인(loin)이라 하는데 벗겨지다의 뜻을 가진 strip과 로인 부위의 loin이 합성된 말이다.

- **텐더로인(Tenderloin)**: 부드럽다는 뜻을 가진 Tender와 로인 부위의 loin이 합성된 말이다.

- **샤또브리앙 스테이크(chateaubriand)**: 프랑스의 쇠고기 요리 중 가장 고급이라면 "샤또브리앙 스테이크"를 들 수 있다. 샤또브리앙이란 소의 안심 중 가장 부드럽고 기름기가 없는 부분을 말한다. 소 한 마리를 잡으면 4인분 정도 나온다.
  샤또브리앙 스테이크는 19세기 프랑스의 유명한 작가이자 정치가, 외교관인 샤또브리앙 남작의 이름이다. 브르따뉴(Bretagne)의 아름다운 도시 생말로(Saint Malo)의 귀족이던 샤또브리앙은 대단한 미식가였다. 어느날 샤또브리앙 남작이 몸이 아

파 식음을 전폐하자, 그의 요리사 몽미라이(Chef Montmirail)는 안심 중 가장 부드러운 부분만을 발췌하여 스테이크를 만들어 바쳤다. 안심도 부드러운데 그중에서도 더 부드러운 곳을 추려낸 것이니 샤또브리앙 남작이 감동하였다. 이 조리법은 곧 소문이 나서 그 당시 귀족들 사이에 최상급의 요리로 각광받게 되었다.

전해 내려오는 말에 의하면 몽미라이 주방장은 샤또브리앙 스테이크를 최상으로 굽기 위해 두 개의 다른 안심 사이에 놓고 구웠다고 한다.

즉 양쪽에 얇은 일반 안심을 함께 조리해 그 표면이 바삭할 정도로 구워지면 두꺼운 샤또브리앙의 안은 그대로 핑크색이기 때문이었다. 원래 샤또브리앙 코스를 곁들였는데 현대에는 버터 와인이 들어간 베어네이즈 소스와 양끝을 뾰족하게 럭비공 모양으로 깎은 샤또 포테이토가 함께 서빙된다.

- 햄버거 스테이크(hamburger): 1904년 미국 세인트 루이스에서 개최된 박람회장 내에서 개최되었던 세계박람회에서 유래되었다. 박람회장 내에서 근무한 어느 조리장이 너무 바빠서 일손이 적게 들고 신속하게 나갈 수 있는 간단한 요리를 만들어 팔기 시작하였다. 그것이 번즈(buns)라고 불리는 둥근 빵에 햄버거 패티를 샌드한 것이다.

2) 스테이크의 사전적 용어

보통 소고기 · 송아지고기 · 양고기의 연한 부분을 구운 것을 말하나 생선 중에서 대구 · 광어 · 연어 · 다랑어같이 기름기 많고 큰 생선의 내장을 빼고 토막쳐서 구운 것도 스테이크라고 한다. 그러나 일반적으로 스테이크라고 하면 쇠고기를 구운 비프스테이크(beef steak)를 말한다. 쇠고기에서 스테이크용으로 사용하는 부분은 소의 어깨부분부터 등쪽으로 가며 갈비 · 허리 · 허리끝까지를 사용한다.

어깨부분에서 잘라낸 것에 블레이드 스테이크(blade steak)가 있고, 갈비부분에서 잘라낸 것에 리브 스테이크(rib steak)가 있으며, 허리부분에서 잘라낸 것에는 포터하우스 스테이크(porterhouse steak) · 티본 스테이크(T-bone steak) · 클럽 스테이크(club steak)가 있다. 허리끝에서 잘라낸 것에는 서로인 스테이크(sirloin steak)와 핀본 서로인 스테이크(pinbone sirloin steak)가 있다. 이러한 연한 부분 외에 넓적다리 부분에서 떼어 낸 라운드 스테이크(round steak)가 있다.

- 등심(Sirloin): 마지막 갈비에서 둔부까지 위쪽 등허리에 붙은 살
- 안심(Fillet 또는 Tenderloin): 안쪽에 붙은 살

등심(Sirloin): 적절한 유지방과 약간은 거친 듯한 육질의 감칠맛 때문에 인기가 높다. 특히 마지막 갈빗대에서 등심 직전까지를 쇼트로인(Shot Loin)이라 하여 이곳에서 그 유명한 티본(T-bone)과 포터하우스(Poterhouse)가 나온다.

대체로 미국의 도시명이나 지방명이 들어간 등심 스테이크는 양에 따라 이름이 갈린다. 보통 서로인 스테이크가 약 180g을 잘라서 만들고, 뉴욕 컷(New York Cut)이라 하면 약 350g을, 더블 텍산(Double Texan)은 약 450g의 등심을 잘라서 만든다.

3) 스테이크의 조리법

스테이크의 조리법으로는 고기를 석쇠에 올려 놓고 직접 불에서 굽는 브로일드 스테이크(broiled steak), 두꺼운 철판이나 프라이팬에서 굽는 팬브로일드 스테이크(pan-broiled steak), 브로일링한 스테이크를 오븐 속에서 데운 사기접시나 금속제 접시에 담은 후 버터를 바르고 소금과 후춧가루를 뿌려 대접하는 플랭크트 스테이크(planked steak), 고기 두께를 1.3cm 정도로 얇게 저민 미뉴트 스테이크(minute steak), 간 고기를 반죽하여 구운 햄버거 스테이크(hamburger steak), 라운드 스테이크같이 약간 질긴 부분의 고기를 칼등이나 두꺼운 접시로 두들겨 고기를 연하게 한 후 프라이팬에 기름을 두르고 고기의 양쪽을 누렇게 구워 약간의 물을 붓고 약한 불로 뚜껑을 닫고 익힌 스위스 스테이크(Swiss steak) 등이 있다.

– 익힘 정도

스테이크를 구울 때는 강한 불로 굽는데, 기호에 따라 굽는 정도를 달리한다. 겉만 누렇게 익혀 썰었을 때 피가 흐르게 익힌 정도를 레어(rare)라 하고, 겉은 익었으나 속에 약간 붉은색이 남아 있는 정도를 미디엄(medium), 그리고 속까지 잘 익힌 것을 웰던(welldone)이라 한다. 음식점에서 스테이크를 주문받을 때는 반드시 고기의 익히는 정도를 웨이터가 묻는다.

Barbecued Pork Chop

바베큐 폭찹

재료목록

- 돼지갈비(살두께 5cm 이상, 뼈를 포함한 길이 10cm) 200g
- 토마토케첩 30g
- 우스터 소스 5mL
- 황설탕 10g
- 양파(중, 150g) 1/4개
- 소금(정제염) 2g
- 검은 후춧가루 2g
- 셀러리 30g
- 핫소스 5mL

- 버터(무염) 10g
- 식초 10mL
- 월계수잎 1잎
- 밀가루(중력분) 10g
- 레몬(길이(장축)로 등분) 1/6개
- 마늘(중, 깐 것) 1쪽
- 비프스톡(육수) 200mL (물로 대체가능)
- 식용유 30mL

요구사항 ※ **주어진 재료를 사용하여 다음과 같이 바베큐 폭찹을 만드시오.**

❶ 고기는 뼈가 붙은 채로 사용하고 고기의 두께는 1cm로 하시오.
❷ 양파, 셀러리, 마늘은 다져 소스로 만드시오.
❸ 완성된 소스의 농도에 유의하고 윤기가 나도록 하시오.

조리기구 자루냄비, 고팅팬, 뒤집개, 나무주걱, 나무젓가락, 소창, 계량컵, 계량스푼, 칼, 도마, 행주, 키친타월

만드는 법

1 마늘, 양파, 셀러리를 곱게 다져놓는다.

2 돼지갈비를 펴고 고기에 잔칼집을 넣어 소금, 후추로 간을 하여 놓는다.

3 소스팬에 버터를 넣고 다진 마늘, 양파, 셀러리 순으로 넣어 볶은 후 식초와 황설탕을 넣고 졸인 다음 토마토케첩을 넣고 볶다 핫소스, 우스터 소스, 쇠고기육수(또는 물), 월계수잎, 레몬즙을 넣고 끓인다. (시험장에서 쇠고기육수가 지급되지 않는 경우 물로 대체)

4 팬에 식용유를 두르고 달군 후 양념한 돼지갈비에 밀가루를 묻혀 색이 나게 구워 놓는다.

5 소스에 구운 폭찹을 넣어 끓이면서 소스는 알맞은 농도로 졸여준다. (소스의 농도를 묽게 하며 돼지갈비에 소스를 스푼으로 끼얹으면서 졸임).

6 접시에 돼지갈비를 담고 고기 위에 알맞은 양의 소스를 끼얹어 완성한다.

Beef Stew

비프스튜

재료목록

- 소고기(살코기, 덩어리) 100g
- 당근(둥근 모양이 유지되게 등분) 70g
- 양파(중, 150g) 1/4개
- 셀러리 30g
- 감자(150g) 1/3개
- 마늘(중, 깐 것) 1쪽
- 토마토 페이스트 20g
- 밀가루(중력분) 25g
- 버터(무염) 30g
- 소금(정제염) 2g

- 검은 후춧가루 2g
- 파슬리(잎, 줄기 포함) 1줄기
- 월계수잎 1잎
- 정향 1개

요구사항   ※ **주어진 재료를 사용하여 다음과 같이 비프 스튜를 만드시오.**

❶ 완성된 소고기와 채소의 크기는 1.8cm의 정육면체로 하시오.
❷ 브라운 루(brown roux)를 만들어 사용하시오.
❸ 파슬리 다진 것을 뿌려 내시오.

조리기구   자루냄비, 코팅팬, 고운체, 나무주걱, 소창, 나무젓가락, 계량컵, 계량스푼, 칼, 도마, 행주, 키친타월

만드는 법

1 마늘은 곱게 다져 놓고 양파, 셀러리, 당근, 감자는 껍질 제거 후 사방 1.8cm 정도의 정육면체로 썰어 놓는다.(감자는 물에 담가 놓음)

2 감자는 끓는 물에 소금을 넣고 삶아 놓는다.

3 파슬리는 곱게 다져 소창에 싸서 흐르는 물에 씻은 후 꼭 짜서 준비한다.

4 쇠고기를 사방 2cm 정도의 정육면체로 썰어 소금, 후추로 간을 해 놓는다.

5 자루냄비에 버터와 밀가루를 동량으로 넣고 브라운 루를 만든 다음 토마토 페이스트를 넣고 볶은 후 물를 붓고 부케가르니(월계수잎, 파슬리 줄기, 정향)를 넣어 끓이면서 소스를 만든다. (덩어리가 있을 경우 고운체에 거름)

6 쇠고기는 볶기 바로 전에 밀가루를 묻힌 다음 팬에 식용유를 두르고 가열하여 다진 마늘을 넣어 볶아 놓는다.

7 팬에 버터를 넣고 양파, 셀러리, 당근, 감자를 볶아 놓는다. (고기를 먼저 넣어 끓이고 야채는 단단한 야채에서 연한 야채 순으로 넣어 끓여야 함)

8 소스에 고기를 먼저 넣어 끓이고 부드러워지면 당근과 감자를 넣고 반쯤 익으면 양파와 셀러리를 넣고 은은히 끓인 후 소금, 후추로 간을 한다.

9 부케가르니를 건져낸 후 접시에 담고 파슬리 다진 것을 뿌려 완성한다.(소스 농도에 주의)

Salisbury Steak

살리스버리 스테이크

재료목록

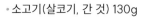

- 소고기(살코기, 간 것) 130g
- 양파(중, 150g) 1/6개
- 달걀 1개
- 우유 10mL
- 빵가루(마른 것) 20g
- 소금(정제염) 2g
- 검은 후춧가루 2g
- 식용유 150mL
- 감자(150g) 1/2개
- 당근(둥근 모양이 유지되게 등분) 70g
- 시금치 70g
- 흰 설탕 25g
- 버터(무염) 50g

요구사항 ※ **주어진 재료를 사용하여 다음과 같이 살리스버리 스테이크를 만드시오.**

❶ 살리스버리 스테이크는 타원형으로 만들어 고기 앞, 뒤의 색을 갈색으로 구우시오.
❷ 더운 채소(당근, 감자, 시금치)를 각각 모양 있게 만들어 곁들여 내시오.

조리기구 자루냄비, 코팅팬, 믹싱볼, 튀김냄비, 뒤집개, 나무젓가락, 계량컵, 계량스푼, 칼, 도마, 행주, 키친타월

만드는 법

1 양파를 곱게 다져서 절반을 남기고 팬에 버터를 넣고 볶아 식혀 놓는다. (시금치 볶을 때 사용할 양파를 남겨놓음)

2 빵가루는 우유에 적셔놓고 계란을 풀어 체에 걸러 놓는다.

3 믹싱볼에 쇠고기 간 것, 볶은 양파, 우유에 적신 빵가루, 소량의 계란, 소금, 후추를 넣어 끈기가 있도록 충분히 치대어 1cm 정도의 두께로 타원형으로 만들어 놓는다.

4 당근을 0.7cm 두께의 원형으로 잘라 모서리를 깎아 비행접시 모양을 만들어 물에 소금과 설탕을 넣고 삶아 팬에 버터, 소금, 설탕, 당근 삶은 물을 조금 넣고 졸여서 윤기 나게 한다.

5 감자의 껍질을 벗기고 1×1×5cm 정도로 썰어 찬물에 담가 전분 성분을 빼고 물에 소금을 넣고 2/3 정도 삶아낸 다음 튀김기름에 튀긴 후 소금으로 간을 한다.

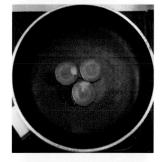

6 시금치를 다듬어 소금 넣은 끓는 물에 데쳐 찬물에 헹군 후 물기를 짜서 반으로 썰어 팬에 버터를 넣고 다진 양파, 데친 시금치를 볶다가 소금, 후추로 간을 한다.

7 팬에 식용유를 두르고 가열한 다음 타원형 고기의 앞뒷면을 연한 갈색이 되도록 구워 익힌다. (고기가 색이 나면 불을 줄여 은근하게 속까지 익힘)

8 접시에 익힌 감자, 시금치, 당근을 놓고 구운 고기를 담아 완성한다.

Sirloin Steak
서로인 스테이크

재료목록

- 소고기(등심, 덩어리) 200g
- 감자(150g) 1/2개
- 당근(둥근 모양이 유지되게 등분) 70g
- 시금치 70g
- 소금(정제염) 2g
- 검은 후춧가루 1g
- 식용유 150mL
- 버터(무염) 50g
- 흰 설탕 25g
- 양파(중, 150g) 1/6개

요구사항 ※ 주어진 재료를 사용하여 다음과 같이 서로인 스테이크를 만드시오.

❶ 스테이크는 미디엄(medium)으로 구우시오.
❷ 더운 채소(당근, 감자, 시금치)를 각각 모양 있게 만들어 함께 내시오.

조리기구 코팅팬, 자루냄비, 고운체, 뒤집개, 나무주걱, 나무젓가락, 계량컵, 계량스푼, 칼, 도마, 행주, 키친타월

만드는 법 1 양파를 곱게 다져 놓는다.

2 당근을 0.7cm 두께의 원형으로 잘라 모서리를 깎아 비행접시 모양을 만들어 물에 소금과 설탕을 넣고 삶아 팬에 버터, 소금, 설탕, 당근 삶은 물을 조금 넣고 졸여서 윤기 나게 한다.

3 감자의 껍질을 벗기고 1×1×5cm 정도로 썰어 찬물에 담가 전분 성분을 빼고 물에 소금을 넣고 2/3 정도 삶아낸 다음 튀김기름에 튀긴 후 소금으로 간을 한다.

4 시금치를 다듬어 소금을 넣은 끓는 물에 데쳐 찬물에 헹군 후 물기를 짜서 반으로 썰어 팬에 버터를 넣고 다진 양파, 데친 시금치를 볶다가 소금, 후추로 간을 한다.

5 등심을 손질한 후 소금, 후추를 뿌려 간을 하여 팬에 식용유를 두르고 가열한 다음 등심의 앞뒷면을 연한 갈색이 되도록 구워 미디엄(medium)으로 익힌다. (고기가 색이 나면 불을 줄여 은근하게 속까지 익힘)

6 접시에 익힌 감자, 시금치, 당근을 놓고 구운 고기를 담아 완성한다.

Chapter 8

Stock(스톡)

1. 육수(Stock)의 정의

소, 양, 닭, 생선 등의 뼈, 야채, 향신료 등과 같이 끓여낸 국물을 말하는데 수프와 소스의 기본이 되는 요리의 하나로 수프나 소스의 맛을 결정하는 가장 중요한 조리과정이라 할 수 있다. 소스를 만들 때 맛을 내게 하는 중요한 것이 스톡이다. 스톡의 주재료는 쇠고기, 양고기, 닭고기, 생선 등이다. 특히 운동을 많이 한 부위의 고기, 즉 목살, 어깨살, 다리살, 양지, 꼬리 등을 이용한다. 고기나 뼈를 장시간 끓여서 맛있는 부분이 국물로 많이 우러난 것으로, 우리나라의 육수에 해당된다. 여기에 채소와 월계수잎, 파슬리, 클로브, 통후추알을 한데 묶은 부케가르니(Bouquet garni)를 넣으면 향미를 더해준다.

스톡은 풍미를 결정하는 기본적인 요소를 제공한다. 스톡에 사용되는 고기와 뼈의 경우, 가열함에 따라 고기의 내부에 존재하는 휘발성 물질의 상실, 당의 캐러멜화(caramelization), 지방의 용해 및 분해 그리고 단백질의 분해 및 변성을 일으켜 풍미에 변화를 준다. 끓이는 동안 국물에 우러나 맛을 내는 성분은 수용성 단백질, 지방, 무기질, 젤라틴 등이다. 뼈를 첨가하여 고기와 같이 끓이면 지방 속에 함유되어 있던 맛성분이 우러나 풍미를 향상시킨다. 뼈를 끓일 때 국물이 뽀얗게 되는 이유는 뼈에서 우러난 포스폴리피드(phospholipid)가 일종의 유화작용을 일으키기 때문이다.

스톡을 만들 때 고기의 독특한 냄새를 제거하기 위하여 셀러리, 양파, 파, 양배추, 당근 등의 채소를 첨가하여 끓인다. 이러한 채소류는 황 또는 화합물을 함유하기 때문에 조리과정에서 강한 자극성 냄새를 발한다. 그리고 채소류에는 비타민 C 및 칼륨, 칼슘, 인, 철 등의 무기질이 함유되어 있으므로 영양상으로도 좋다.

생선 스톡의 경우는 생선뼈 및 조개류를 이용하기도 한다. 어패류는 독특한 냄새와 맛을 지니고 있으며, 주로 생선요리에 사용될 소스를 만드는 데 쓰인다.

주방마다 양목표는 다르지만 스톡의 경우 만드는 법은 비슷하다.

2. 육수(Stock) 만드는 과정

1) 찬물(Cold Water)로 시작

찬물은 식품 중에 있는 맛, 향 등 요리의 질을 향상시키는 식품의 성분을 잘 용해시켜 준다. 주로 뼈, 근육, 섬유질 속에 있는 Albumin, Protein 등은 찬물에 비교적 잘 용해되며 뜨거운 물로 육수를 만들기 시작하면 빨리 굳어지고 뼛속에 있는 맛들이 제대로 우러나지 못하고 뿌옇게 혼탁해진다.

2) 약한 불로 줄이기(Simmering)

Fond와 Sauce를 끓일 때는 불의 강도를 조절하는 것이 가장 중요하다. 즉 대류작용(Convection Movement)이 Fond 또는 Sauce를 끓이는 용기(Pot) 속에서 발생하도록 하여야 하며, 그 세기는 너무 지나치지 않게 하여야 한다. 만약 대류작용이 일어나지 않는다면 용기의 밑부분에 내용물이 퇴적하여 시간이 경과하면 탈 우려가 있다. 낮은 불로 서서히 끓여주면 정화작용이 활발하여 Fond의 혼탁도를 줄일 수 있어 맑은 육수를 얻을 수 있다.

Fond의 혼탁도는 일반적으로 센 불로 가열함으로써 발생한다. 왜냐하면 강한 불로 가열하면 정화작용을 하는 이들 요소(Albumin, Protein)가 식품 속에 나오지 못한 상태에서 강한 열로 인하여 고기, 뼈의 섬유조직이 파괴되기 때문이다. 육류의 세포 속에 존재하는 피(Blood)는 계란 흰자로 정화시킬 수 있다.

3) 거품 제거(Skimming)

거품 제거는 혼탁도를 줄일 수 있는 아주 중요한 방법이다. 특히 처음 Fond를 가열시켜 끓일 때 발생하는 거품과 지방, 기타 불순물을 완전히 제거하여야 하며, 향신료와 야채는 첫 Skimming 작업이 끝난 다음 첨가하는 것이 좋다. 전 조리 과정에서 발생하는 거품과 기타 불순물은 계속해서 제거해 줄 필요가 있다.

4) 걸러내기

고운체나 면포를 이용하여 깨끗하게 걸러내야 한다.

5) 냉각

바로 사용하지 않을 경우 신속히 냉각하여 냉장 또는 냉동한다.

6) 저장 및 보관

3. 육수(Stock)의 구성요소

1) 부케가르니(Bouquet Garni)

Stock이나 Sauce에 향을 내기 위하여 사용하는 것으로 Herbs(Thyme, Bay Leaves, Parsley, Rosemary)와 야채(Leek, Celery) 등을 실로 묶어 사용한다. 요리에 따라 사용되는 향신료와 야채가 다르다.

2) 미르포아(Mirepoix)

18세기 Levis-Mirepoix 공작의 요리장이 개발한 것으로, Stock, Sauce 요리 등에 맛을 내기 위하여 여러 가지 야채(Carrot, Celery, Onion, Leek)와 각종 향신료, 그리고 Jambon Cru(훈연시킨 햄 조각) 등을 잘게 또는 Brunoise로 썰어서 기름과 함께 볶아 사용한다.

3) 뼈(Bone)

4. 육수(Stock)의 종류

1) Chicken Stock

- **재료**: Chicken Bone 500g, Water 1ℓ, Onion 50g, Celery 25g, Carrot 25g, Leek 20g, Bay Leaf 1pc, Thyme 1pc, Clove 1pc, Pepper Corn 3pc, Parsley Stem 1pc

- **조리준비과정**: 닭뼈가 지니는 특이한 냄새와 거품 등을 제거하기 위하여 반드시 삶아준다.
  맑은 육수를 얻기 위하여 거품을 여러 번 제거하여야 한다. (만약 기름을 제거하지 않으면 기름이 뚜껑과 같은 역할을 하여 생산된 육수가 맑지 않고 탁해진다) 육수를 반 정도 졸이는 것(Reduire)이 소스를 만드는 데 적합하다.

사용되는 채소 중에서 대파는 흰 부분만을 넣어서 사용하는 것이 육수에 푸른빛이
도는 것을 방지하고 맑고 고운 육수를 얻을 수가 있다.

- **만드는 법**
  ① 닭뼈는 거품, 냄새, 맛 등을 빼기 위하여 삶아준다(Blanchir).
  ② 거품이 생기면 걷어내고 찬물에 닭뼈를 씻어준다.
  ③ 육수를 만드는 통에 물, 닭뼈, 채소, 향신료를 넣고 천천히 끓여준다.
  ④ 약 2시간 정도 끓이면 향미가 짙은 육수를 만들 수 있다.
  ⑤ 완성된 육수는 소창이나 눈이 고운체를 이용하여 거른 후 육수가 담긴 통을 흐르
    는 찬물이나 냉각통에 넣어서 식혀야 한다.

2) Beef Stock

- **재료**: Beef Bone 500g, Water 1ℓ, Onion 50g, Celery 25g, Carrot 25g, Leek 20g,
  Bay Leaf 1pc, Thyme 1pc, Clove 1pc, Pepper Corn 3pc, Parsley Stem 1pc

- **만드는 방법**은 Chicken Stock과 동일

3) Fish Stock

- **재료**: Fish Bone 200g, Water 500㎖, Onion 20g, Celery 15g, Leek 20g, Mush-
  room 20g, Bay Leaf 1pc, Thyme 1pc, Clove 1pc, Pepper Corn 3pc, Parsley Stem
  1pc, Garlic 1pc, Butter 30g, White Wine 20㎖

- **조리법 어드바이스**
  양파와 셀러리는 얇게(Slice) 썰어 준비하고, 버섯도 얇게(Slice) 썰어 준비한다.
  흐르는 물에 생선뼈를 담가 충분히 혈액을 제거해야 한다.(맑은 생선 육수를 얻기
  위함)

큰 냄비에 버터를 녹여 양파와 셀러리를 넣어 볶아주다가 양송이버섯을 넣어 색이 나지 않을 때까지 볶아준다. 향신료(통후추, 타임, 월계수잎)는 소창으로 주머니를 만들어 그 속에 담아 끓이면 좋다(Bouquet Garni).

- **만드는 법**

① 흐르는 물에 생선뼈를 담가 불순물과 피를 뺀 다음 프라이팬에 버터를 넣고 양파, 셀러리, 버섯을 색이 나지 않게 볶는다(Saute).

② 생선뼈를 넣고 같이 볶는다(생선뼈는 주걱으로 으깬다).

③ 포도주를 첨가한(Deglacer) 다음 졸인다.(1/2 정도).

④ 물을 붓고 향신료를 넣은 후 끓인다. 거품은 계속 거둬내고 20분 정도 끓여서 고운 천으로 걸러서 이용한다.

- **주의사항**

육수의 양이 많으면 시간을 늘려서 끓여주고 부케가르니(Bouquet Garni)의 크기도 조절함이 중요하다. 오래 끓이면 군냄새가 난다.

생선뼈와 채소를 이용하여 만드는 육수는 혀넙치(Sole), 광어 등 냄새(비린내)가 덜 나는 흰살생선이 좋다. 단시간에 만드는 것이 비결이며 끓기 시작해서 20분 이상이면 생선 본연의 맛을 잃을 우려가 있다.

4) Brown Stock

- **재료**: Beef Bone 500g, Onion 50g, Celery 20g, Leek 20g, Carrot 20g, Tomato Paste 50g, Tomato 1ea, Water 1ℓ, Bay Leaf 1ea, Thyme 1ea, Pepper Corn 3ea, Garlic 1ea, Parsley Stem 1ea

- **만드는 법**

① 뼈를 Roasting Pan에 담아 갈색이 나도록 굽는다.

② Pan에 기름을 두르고 뼈를 넣고 볶다가 Mirepoix를 넣고 볶다가 Tomato, Tomato Paste를 넣고 볶는다.

③ 물을 넣고 Bouquet Garni를 넣고 서서히 끓인다.

④ 흡수지로 걸러 기름기를 제거한다.

5) Meat Bouillon(미트 브이용)

• **재료**: Beef Meat, Chicken, Mire Poix, Bouquet Garni, Water.

브이용은 브이에(Buillier, '끓이다')라는 말에서 나왔는데 수프를 끓이는 용도로 쓰인다. 브이용으로는 소스를 만들지 않는다는 정설이 있지만 실제로는 대부분 같이 사용하고 있다. 브이용과 스톡의 차이를 C.I.A.요리학교(미국 소재)에서는 스톡에는 소뼈를 넣고, 안 넣는 것으로 차이를 두고 있다. 스톡은 진한 육수이고 브이용은 맛이 약한 육수라고 보면 간단하다. 브이용에 대파와 무를 사용하는 것은 좋은 방법인 것 같다. 서양에서는 무를 스톡에 넣지 않지만 우리의 경우 약간 넣으면 시원한 육수를 얻을 수 있다.

육수 하면 냉면에 이용하는 것으로 인식되지만 브이용이야말로 국물이라는 용어가 맞을 것 같다. 브이용은 삶은 채소 또는 고기의 즙으로 된 액체인데 사람들은 어떤 요리를 익히기 위해서, 그리고 포타주(Potage)와 소스들을 만들기 위해서 적시는 성분처럼 그것을 사용했다. 1739년 마린(F. Marin)은 브이용(Bouillon)을 소스의 영혼과 정수라고 극찬했다.

• **조리법 어드바이스**

브이용을 끓일 때 셀러리, 당근 등을 많이 넣어 끓이면 색이 탁해진다.

(색이 있는 채소 사용은 억제하는 것이 좋다).

브이용을 끓일 때 불이 너무 강하면 뿌옇게 되어 수프를 끓일 때 안 좋다.

• **만드는 법**

① 채소는 크게 썰고 고기는 찬물에 넣고 끓인다.

② 채소를 첨가한 후에 거품을 거두어내면서 3시간 정도 약한 불에서 뚜껑을 열고 은근하게 끓인 다음 걸러서 보관했다가 사용한다.

③ 뚜껑을 덮으면 고기 누린내가 나고 육수가 탁해진다.

④ 무와 소금도 약간 첨가한다(임의대로).

⑤ 현재 소스, 수프 등에 폰(Fond)과 브이용(Bouillon)을 구분하지 않고 사용하고
있다.

⑥ 끓인 브이용은 차가운 얼음물에 담가 빠른 시간에 식히는 것이 변질을 방지하는
방법이다.

- **주의사항**

브이용을 끓인 후 냉각시킬 때 마구 휘졌거나 충격을 주면 탁해질 우려가 있다.

6) Court Bouillon(쿠르 브이용)

- **재료**: Water, Vinegar, White Mirepoix, Bouqet Garni, White Wine, Lemon Juice

- **조리법 어드바이스**

채소는 다른 요리를 준비하고 남은 부산물을 이용해도 무방하다.

타임, 통후추 등은 소창으로 만든 작은 주머니에 넣어 끓여도 좋다.

- **만드는 법**

① 물과 포도주를 냄비에 담고 채소와 함께 20~25분 정도 끓인 후 거른다.

② 은근한 불에서 끓여야 한다.

③ 이것은 채소 육수의 일종인데 식초 성분이 첨가됨으로써 생선 자체를 응고시키는
성질을 지니고 있어 생선을 맛있게 조리할 수 있다.

용도: 생선찜(Poached Fish) 등에 많이 사용된다.

Brown Stock
브라운 스톡

재료목록

- 소뼈(2~3cm, 자른 것) 150g
- 양파(중, 150g) 1/2개
- 당근(둥근 모양이 유지되게 등분) 40g
- 셀러리 30g
- 검은 통후추 4개
- 토마토(중, 150g) 1개
- 파슬리(잎, 줄기 포함) 1줄기
- 월계수잎 1잎
- 정향 1개
- 버터(무염) 5g

- 식용유 50mL
- 면실 30cm
- 타임(fresh, 2g 정도) 1줄기
- 다시백(10cm x 12cm) 1개

요구사항 ※ **주어진 재료를 사용하여 다음과 같이 브라운 스톡을 만드시오.**

❶ 스톡은 맑고 갈색이 되도록 하시오.
❷ 소뼈는 찬물에 담가 핏물을 제거한 후 구워서 사용하시오.
❸ 당근, 양파, 셀러리는 얇게 썬 후 볶아서 사용하시오.
❹ 향신료로 사세 데피스(sachet d'epice)를 만들어 사용하시오.
❺ 완성된 스톡은 200mL 이상 제출하시오.

조리기구 자루냄비, 나무주걱, 믹싱볼, 소창, 고운체, 나무젓가락, 계량컵, 계량스푼, 칼, 도마, 행주, 키친타월

만드는 법

1 소뼈는 찬물에 잠시 담가 핏물을 뺀다.

2 양파, 당근, 셀러리를 얇게 썰어 놓고 토마토는 껍질과 씨를 제거한 후 콘카세로 썬다.

3 팬에 양파의 밑동을 잘라 태워 꺼낸 후 식용유를 두르고 핏물을 제거한 소뼈를 넣어 진한 갈색이 나도록 고르게 구워 놓는다.

4 팬에 버터를 넣고 양파, 셀러리, 당근을 진한 갈색이(충분한 색을 낸다.) 되도록 볶고 토마토를 넣어 볶는다.

5 자루냄비에 갈색을 낸 소뼈와 찬물을 넣고 끓으면 거품과 기름기를 걷어내고 볶은 야채, 태운 양파 밑동, 부케가르니(파슬리 줄기, 월계수잎, 정향, 통후추)를 넣어 은근하게 끓인다. (거품과 기름은 수시로 걷어냄)

6 브라운 스톡이 완성되면 소창에 걸러 약 200ml 정도 되도록 볼에 담아 완성한다. (여러 겹의 소창이나 키친타월을 여러 장 사용하여 거르면 맑은 육수를 얻을 수 있음)

Chapter 9

Sauce(소스)

1. 소스(Sauce)

1) 소스의 개요

소스는 인간들이 짐승을 수렵하여 단순히 구워 먹던 시절을 훨씬 지나 어느 정도 요리라 할 수 있는 형태의 식사를 했을 때부터 생겼을 것으로 보는 견해가 일반적이다. 그 외 냉장시설이 없었던 시절에 음식이 약간 변질되었을 경우 변질된 맛을 감추기 위해서 만들어졌다는 설과 질이 낮은 고기 맛을 감추고 맛을 내기 위하여 만들어지기 시작했다는 설 등이 있다.

이렇게 생겨나기 시작한 소스는 식민지를 갖게 됨에 따라 세계 각지에서 귀중하고 다양한 종류의 향신료들을 자국으로 반입하면서부터 다양하게 발전할 수 있었다.

그 후 훌륭한 요리사와 미식가들에 의해 오랜 세월 동안 축적된 맛의 경험과 연구를 통하여 정형화되고 기능화된 현대적 의미의 소스들이 생겨나게 된 것이다.

요리의 풍미를 더해주고 소화작용을 도와주는 윤활유 역할을 하며, 요리의 맛과 외형, 그리고 수분을 주기 위해 소스의 중요성이 강조되고 있다.

소스는 서양요리에서 맛과 색상을 부여하여 식욕을 증진시키고, 재료의 첨가로 영양가를 높이며 음식이 요리되는 동안 재료들이 서로 결합되게 하는 역할을 한다.

소스는 주요리와 조화가 잘 이루어져야 하며 요리의 맛과 형태, 그리고 수분의 함유 정도를 결정하기 때문에 서양요리에서 대단히 중요하다. 소스의 사용 시 주의할 점은 소스가 요리의 맛을 압도하는 향신료 냄새가 나면 안 되고 소스의 농도가 너무 묽으면 원래 요리의 맛을 떨어뜨릴 수 있다. 소스 농도의 기본은 크림 농도가 좋고 소스의 색은 윤기가 나야 하며 덩어리지는 것 없이 주르르 흐르는 정도가 이상적이다. 일반적으로 단순한 요리에는 단순한 소스 사용이 원칙이며 색이 안 좋은 요리에는 화려한 소스, 싱거운 요리에는 강한 소스, 팍팍한 요리에는 수분이 많고 부드러운 소스 사용으로 소스와 요리의 조화를 중요시해야 한다.

소스는 육수와 농후제(liaison)로 구성되어 있으며 다른 재료의 첨가에 따라 변형된 소스가 만들어진다. 그러므로 와인, 육수, 부재료 등 모든 구성요소들이 조화롭게 잘 결합해야 그 소스의 맛을 낼 수 있다.

2) 농후제

(1) 루(Roux)

루에는 화이트 루(white roux), 블론드 루(blond roux), 브라운 루(brown roux)가 있다. 루는 대개는 볶은 색깔에 따라 구분하고 두꺼운 소스 팬에 버터를 그대로 사용하면 밀가루가 완전히 볶아지지 않고 농축제로 효과가 적기 때문에 대개 녹여서 정제된 것을 사용한다. 밀가루는 잘 볶아야 독특한 향미가 나며 약한 불에서 천천히 볶아야 생밀가루 냄새가 안 난다. 버터와 밀가루의 비율은 초심자의 경우 1:1로 하는 것이 실패하지 않는 비결이다. 그러나 버터가 많을수록 볶기가 쉽고 밀가루가 많으면 볶기도 어렵고 시간도 오래 걸린다. 일반적으로 100g의 루를 만드는 데는 버터 50g, 밀가루 60g이 적당한데 요리에 따라 다를 수 있다.

(2) 계란 리에종(Egg liaison)

계란 리에종(Egg liaison)은 노른자에 우유나 크림, 육수를 잘 섞어 끓는 소스에 넣어 거품기로 재빠르게 섞어주어야 한다. 소스는 노른자의 비린내를 없앨 정도의 불에서 끓여야 한다. 특히 많은 소스의 경우 한 주걱 정도의 소스에 노른자를 풀어서 다시 소스에 섞는 방법이 이상적이다. 마무리한 소스를 다시 끓이면 소스의 맛이 변한다.

(3) 버터 리에종(Butter liaison)

-버터 몬테(Butter Monte)

버터 리에종(butter liaison) 역시 마찬가지이다. 버터 농후제는 차가운 버터를 소스에 넣으면서 저어주어야 하는데 맛을 첨가하면서 농도를 맞춰준다. 주의할 점은 소스를 요리에 붓기 바로 직전에 버터를 넣는 것이다. (무염버터로 말랑말랑한 상태에서 사용해야 함)

-뵈르 마니에(beurre manie)

버터와 밀가루(butter and flour)는 부드러운 버터에 동량의 밀가루를 반죽하여 소스에 섞어 완전히 녹을 때까지 저어준다. 근래에 와서 많이 사용하는데, 장기간 보관하는 데 좋고 맛이 다른 농후제보다 좋다.

(4) 블러드 리에종(Blood liaison)

블러드 리에종(blood liaison)은 주로 산토끼나 다른 들짐승 요리의 소스 농도를 내는 데 이용하며, 피를 졸여서 사용하고 굳는 것을 방지하기 위하여 식초를 넣어주고 피가 없을 때는 간(Liver)을 다져서 사용하기도 한다. 고운체로 걸러서 요리를 내기 직전에 소스에 섞어서 사용하는데 근래에는 사용하지 않고 있다.

(5) 프리나쇠스 리에종(Farinaceous liaison)

프리나쇠스 리에종(farinaceous liaison)은 갈분(arrow root), 옥수수 전분(cornstarch), 감자전분 또는 다른 유사한 전분질을 이용하여 소스를 진하게 하는 데 사용된다. 이러한 종류는 우유나 물, 포도주, 육수 등에 푼 다음 소스에 부어 농도를 맞추어 사용한다. 특히 너무 끓이면 전분이 익으므로 은근한 불로 끓기 전에 섞어 저어준 다음 사용한다.

최근에 요리 마무리를 가볍게 하는 것이 강조되고 많은 밀가루를 사용한 전통적인 농도의 소스가 무겁다는 이유로 꺼리게 되는 반면 생크림을 졸이거나 소스 자체를 충분히 졸여 되직한 농도보다는 걸쭉한 농도를 유지하며 담백하고 가볍게 마무리하여 먹기 쉽고 싫증나지 않도록 현대인의 입에 맞는 소스 농도를 조절하고 있다. 농축제로서 곡분을 사용할 때 몇 가지 기본적인 요인을 이해해야만 부드럽고 적당한 점도를 갖는 소스를 만들 수 있다.

3) 맛있는 소스를 만드는 방법

첫째, 좋은 맛의 육수(stock)를 만들어야 한다.

소스의 맛은 육수가 좌우한다. 육수(stock)는 표준조리법에 의해 정확한 양의 향신료, 야채, 고기, 소나 닭 뼈를 넣고, 찬물로 은근히 끓여야 한다. 좋은 육수를 얻기 위해 꾸준한 관심을 가지고 연구하는 것이 소스의 맛을 탁월하게 할 수 있는 최선의 방법이다.

둘째, 신선한 식재료와 풍부한 향신료의 사용이 중요하다.

소스에 사용되는 식재료는 신선하고 좋은 것을 사용해야 좋은 소스를 얻을 수 있다. 만약 소스에 사용되는 식재료가 신선하지 않고 오래된 것, 낮은 가격의 재료라고 하였을 때, 좋은 소스는 결코 얻을 수 없다.

셋째, 표준 요리법에 의해 소스가 만들어져야 한다.

요리사가 주관적으로 재료의 양 조절, 요리방법을 달리하면 맛의 유지가 어렵고 재고관리나 생산성도 비능률적이 된다. 또한 요리의 표준분량(standard portion size)은 표준요리법에 의하여 작업이 이루어져야 고객에게 일정한 수준의 양과 맛, 모양을 제공할 수 있다.

넷째, 숙련된 요리기술이 필요하다.

소스를 잘 만들려면 요리기술이 필요하다. 특히 불 조절에 신경을 써야 한다. 불 조절에 실패하면 소스가 타거나 남게 되기 때문이다. 소스는 숙련된 요리사가 오랜 경험을 통하여 기술을 연마한 후에 만들어야 한다. 소스는 이론도 중요하지만 실제적인 경험이 필요하다.

다섯째, 소스를 만드는 데 기물 선정이 중요하다.

냄비가 얇아서 식재료가 타면 소스의 맛은 나빠진다. 체가 없어서 거친 소스를 만들었을 때 그 소스의 진가는 떨어진다. 소스의 품질 향상을 위해 사용방법을 알고 다양하게 이용하여야 한다.

여섯째, 조리원리를 잘 이해해야 한다.

조리원리를 이해하지 못하면 식재료를 요리했을 때 처음과 다른 현상이 일어난다. 예를 들어 시금치를 오래 삶으면 색이 나쁘거나 생선을 오래 익히면 맛이 없고 영양가치도 없는 요리가 된다.

일곱째, 관능검사를 통한 염도, 당도, 기준치를 설정한다.

주방에서는 고객이 원하는 염도, 당도 기준을 정해서 요리사의 주관 있는 소스 개발이 필요하다.

4) 소스의 분류

- **Demi Glace(갈색, 모체소스)**: 갈색 육수를 주재료로 만든 소스인데 데미글라스, 에스파뇰, 브라운 소스, 폰드보 등을 모체로 사용하고 있음
- 파생 소스: Bordelaise Bordeaux, Caper, Chateaubriand, Bigarade, Port, Financier, Zingara, Gastronome, Truffle, Herb, Champignons, Poivarade, Tarragon, Duxelles, Hunter, Italian, Maderia, Pepper, Diane, Colbert, Marrow, Wine Merchant

- **Veloute(블론드색, 모체소스)**: 흰 육수를 이용한 소스로 닭, 생선 등에 많이 이용됨
- 파생 소스: Allenmande, Supreme, Albufera, Aurora, Dill, Normande, Curry, Ivoire, Hungarian Toulouse, Poulette, Villeroi, Chive, Horseradish

- **Bechamel(흰색, 모체소스)** : 흰색 루에 우유를 주재료로 한 흰색 소스인데 생선, 채소에 많이 이용됨
  - 파생 소스: Cardinal, Mornay, Cream, Leek, Mustard, Horseradish, Raifort, Nan-

tua, Chantilly Aurora, Soubise, Anchovy, Bercy, Caper, Chaud-froid, Diplomat, Fines Herbs, Lobster, Normandy, Oyster, Riche, Shrimp, Victoria

- **Tomato(적색, 모체소스)**: 토마토를 주재료로 이탈리아 요리에 많이 이용되고 돼지고기에도 많이 사용됨
- 파생 소스: Creole, Spanish, Milanese, Byron, Italienne, Portugese

- **Hollandaise(노란색, 모체소스)**: 노른자와 기름을 주재료로 한 소스인데 생선, 채소 등에 많이 이용됨
- 파생 소스: Choron, Bearnaise, Magenta, Mousseline, Maltais, Palois, Rachel

Brown Gravy Sauce
브라운 그래비 소스

재료목록

- 밀가루(중력분) 20g
- 브라운 스톡 300mL
  (물로 대체가능)
- 소금(정제염) 2g
- 검은 후춧가루 1g
- 버터(무염) 30g
- 양파(중, 150g) 1/6개
- 셀러리 20g
- 당근(둥근 모양이 되게 등분) 40g
- 토마토 페이스트 30g

- 월계수잎 1잎
- 정향 1개

(요구사항) ※ **주어진 재료를 사용하여 다음과 같이 브라운 그래비 소스를 만드시오.**

❶ 브라운 루(brown roux)를 만들어 사용하시오.
❷ 채소와 토마토 페이스트를 볶아서 사용하시오.
❸ 소스의 양은 200mL 이상 제출하시오.

(조리기구) 자루냄비, 코팅팬, 고운체, 나무주걱, 나무젓가락, 계량컵, 계량스푼, 칼, 도마, 행주, 키친타월

(만드는 법)

1 양파, 셀러리, 당근을 얇게 썰어 자루냄비에 버터를 넣고 야채들이 갈색이 되도록 볶아 놓는다.

2 자루냄비에 버터와 밀가루를 동량으로 넣고 브라운 루를 만든 다음 토마토 페이스트를 넣고 볶은 후 브라운 스톡을 조금씩 부어가며 잘 풀어준다. (토마토 페이스트는 약한 불에 천천히 볶고 시험장에서 브라운 스톡이 지급되지 않을 경우 물로 대체)

3 소스에 볶아 놓은 양파, 셀러리, 당근과 부케가르니(월계수잎, 정향)를 넣어 끓인다. (끓이는 과정에서 생기는 거품과 기름은 수시로 제거)

4 농도가 알맞게 되면 소금, 후추로 간을 하고 고운체에 거른 후 소스 볼에 약 200ml 정도 담아 완성한다.

Italian Meat Sauce
이탈리안 미트 소스

재료목록

- 양파(중, 150g) 1/2개
- 소고기(살코기, 간 것) 60g
- 마늘 1쪽
- 토마토(캔, 고형물) 30g
- 버터(무염) 10g
- 토마토 페이스트 30g
- 월계수잎 1잎
- 파슬리(잎, 줄기 포함) 1줄기
- 소금(정제염) 2g
- 검은 후춧가루 2g
- 셀러리 30g

요구사항 ※ **주어진 재료를 사용하여 다음과 같이 이탈리안 미트 소스를 만드시오.**

❶ 모든 재료는 다져서 사용하시오.

❷ 그릇에 담고 파슬리 다진 것을 뿌려내시오.

❸ 소스는 150mL 이상 제출하시오.

조리기구 자루냄비, 나무주걱, 국자, 코팅팬, 고운체, 소창, 나무젓가락, 계량컵, 계량스푼, 칼, 도마, 행주, 키친타월

만드는 법

1 마늘, 양파, 셀러리는 곱게 다져 놓고 토마토는 씨를 제거한 후 다져 놓는다.

2 파슬리잎을 곱게 다져서 소창에 싸서 물에 씻고 물기를 꼭 짜 놓는다.

3 팬에 버터를 두르고 갈아둔 쇠고기를 넣고 볶다가 다진, 마늘, 양파, 셀러리를 넣어 볶은 후 토마토 페이스트를 넣어 볶는다.

4 썰어 놓은 토마토와 물 100ml를 넣고 월계수잎, 파슬리 줄기를 넣어 은근하게 끓인다. (끓일 때 생기는 거품과 기름은 제거)

5 소스의 농도가 걸쭉해지면 소금, 후추로 간을 하고, 소스 볼에 약 200ml 정도의 양을 담고 파슬리 다진 것을 뿌려 완성한다.

Hollandaise Sauce

홀랜다이즈 소스

재료목록

- 달걀 2개
- 양파(중, 150g) 1/8개
- 식초 20mL
- 검은 통후추 3개
- 버터(무염) 200g
- 레몬(길이(장축)로 등분) 1/4개
- 월계수잎 1잎
- 파슬리(잎, 줄기 포함) 1줄기
- 소금(정제염) 2g
- 흰 후춧가루 1g

요구사항 ※ **주어진 재료를 사용하여 다음과 같이 홀랜다이즈 소스를 만드시오.**

❶ 양파, 식초를 이용하여 허브에센스(herb essence)를 만들어 사용하시오.
❷ 정제버터를 만들어 사용하시오.
❸ 소스는 중탕으로 만들어 굳지 않게 그릇에 담아내시오.
❹ 소스는 100mL 이상 제출하시오.

조리기구 자루냄비, 믹싱볼, 거품기, 소창, 고운체, 코팅팬, 소창, 나무젓가락, 계량컵, 계량스푼, 칼, 도마, 행주, 키친타월

만드는 법

1 버터를 그릇에 담아 따끈한 물에 중탕으로 정제버터를 만들고 위에 뜨는 거품과 불순물은 걷어낸다.

2 양파는 다져 놓고 파슬리 줄기는 잘게 썰어 놓는다.

3 자루냄비에 물 100ml, 식초 10ml, 다진 양파, 레몬, 파슬리 줄기, 월계수잎, 통후추를 넣고 약 30ml 정도의 양이 되도록 졸여서 소창에 걸러 준비해 놓는다.

4 믹싱볼에 1개의 계란 노른자에 향료 졸인 국물 약 30ml를 넣고 물의 온도가 약 90℃ 정도 되는 물에 중탕하여 거품기로 빠르게 저어 덩어리가 생기지 않게 하고, 계란 노른자가 연한 크림상태가 되면 뜨거운 물에서 꺼내 정제시켜 놓은 버터를 가장자리에 조금씩 넣고 저어주면서 유화시킨다. (졸인 국물로 농도 조절하며 거품기로 저을 때 쇠가루가 일어나지 않도록 주의)

5 노란색으로 홀랜다이즈 소스가 완성되면 소금으로 간을 하고 뜨거운 물 1스푼, 레몬즙을 짜서 넣고 혼합한 후 볼에 담아 완성한다.

Tartar Sauce

타르타르 소스

재료목록

- 마요네즈 70g
  - 오이피클(개당 25~30g) 1/2개
  - 양파(중, 150g) 1/10개
  - 파슬리(잎, 줄기 포함) 1줄기
  - 달걀 1개
  - 소금(정제염) 2g
  - 흰 후춧가루 2g
- 레몬(길이(장축)로 등분) 1/4개
- 식초 2mL

요구사항

※ 주어진 재료를 사용하여 다음과 같이 타르타르 소스를 만드시오.

❶ 다지는 재료는 0.2cm 크기로 하고 파슬리는 줄기를 제거하여 사용하시오.

❷ 소스는 농도를 잘 맞추어 100mL 이상 제출하시오.

조리기구

자루냄비, 나무주걱, 소창, 믹싱볼, 고운체, 나무젓가락, 계량컵, 계량스푼, 칼, 도마, 행주, 키친타월

만드는 법

1 자루냄비에 달걀이 충분히 잠길 정도의 물을 넣고 끓으면 소금을 넣은 후 달걀이 깨지지 않게 조심스럽게 넣어 12~13분 동안 삶아 꺼내어 찬물에 담가 식혀 놓는다. (찬물에서 시작할 경우 16분, 물이 끓기 시작해서 12~13분간 삶음)

2 양파를 0.2cm 정도의 크기로 다져서 소창에 싸서 꼭 짜 놓고 오이피클을 0.2cm 정도의 크기로 다져 놓는다.

3 파슬리잎을 곱게 다진 후 소창에 싸서 흐르는 물에 씻어낸 다음 물기를 꼭 짜서 준비해 놓는다.

4 삶은 달걀은 노른자, 흰자를 분리하여 0.2cm 정도의 크기로 다져 놓는다.

5 믹싱볼에 마요네즈를 넣고 레몬즙, 소금, 흰 후추를 넣고 다진 양파, 오이피클, 파슬리 다진 것, 달걀 흰자를 넣고 잘 섞는다.

6 마지막으로 달걀 노른자를 넣고 잘 섞은 다음 그릇에 담고 파슬리 다진 것을 뿌려서 완성한다.

Chapter 10

Sandwich(샌드위치)

1. 샌드위치의 개요

- 샌드위치는 빵 사이에 고기나 해산물, 야채, 소스 등을 넣은 요리
- 기름에 볶거나 튀기는 패스트푸드보다 고기, 해산물, 야채 등을 넣어 먹는 즉석요리로 건강식

2. 샌드위치의 유래

- 18세기 영국의 귀족인 제4대 샌드위치 백작 존 몬테규(1718~1792)의 작위명인 샌드위치를 따서 만들어졌다고 알려진 요리
- 영국의 존 몬테규 제4대 샌드위치 백작은 트럼프 도박을 좋아했는데, 트럼프를 너무도 좋아한 나머지 트럼프 게임을 하느라 식사할 시간조차도 아까웠던 백작은 트럼프를 할 때 자신의 손에 쥐고 있었던 트럼프카드를 보고, 트럼프를 하면서 먹을 수 있도록 빵 사이에 고기와 채소를 넣은 식사를 생각해 냄

  샌드위치 백작은 자신이 생각한 음식을 요리사에게 주문했고 다른 사람들도 "샌드위치와 같은 걸로 주시오(The same as Sandwich)"라고 하면서 샌드위치라는 이름

이 생겨났다고 함

3. 샌드위치의 분류

- 온도에 따라 핫 샌드위치, 콜드 샌드위치로 분류
- 형태에 따른 분류에는 오픈 샌드위치, 클로즈드 샌드위치, 핑거 샌드위치, 롤 샌드위치 등이 있음

1) 온도에 따른 분류

(1) 핫 샌드위치

- 빵 사이에 뜨거운 속재료 고기 패티, 해산물류 패티, 구운 야채 등을 채우거나 올려 만든 샌드위치

(2) 콜드 샌드위치

- 빵 사이에 차가운 속재료로 속을 채워 만든 샌드위치로 마요네즈나 겨자 등으로 버무린 야채, 캔참치, 해산물 등을 주재료로 하여 차갑게 채우거나 올려 만든 샌드위치

2) 형태에 따른 분류

(1) 오픈 샌드위치(Open sandwich)

- 빵에 속재료를 넣고 채우지 않고 빵 위에 주재료를 올려 오픈해 놓은 샌드위치. 오픈 샌드위치, 브루스케타(Brustchetta), 카나페(Canape) 등이 있음

(2) 클로즈드 샌드위치(Closed sandwich)

– 아래에 빵을 놓고 속재료를 넣고 위에 빵을 덮는 형태의 샌드위치

(3) 핑거 샌드위치(Finger sandwich)

– 일반적으로 클로즈드 샌드위치로 만들어 손가락 모양으로 길게 잘라 만드는 손가락 형태의 샌드위치

(4) 롤 샌드위치(Roll sandwich)

– 빵을 넓고 길게 잘르거나 밀대로 밀어 여러 가지 재료 등을 넣고 둥글게 말아 썰어서 제공하는 형태의 김밥모양의 롤 샌드위치이다. 토르티야, 롤샌드위치 등이 있음

4. 샌드위치의 구성요소

샌드위치의 5가지 구성요소는 빵, 스프레드, 주재료로서의 속재료, 부재료로서의 가니쉬, 양념 등이다.

Bacon, Lettuce, Tomato Sandwich

베이컨, 레터스, 토마토 샌드위치(BLT 샌드위치)

재료목록

- 식빵(샌드위치용) 3조각
- 양상추(20g) 2잎
  (잎상추로 대체가능)
- 토마토(중, 150g) 1/2개
  (둥근 모양이 되도록 잘라서 지급)
- 베이컨(길이 25~30cm) 2조각
- 마요네즈 30g
- 소금(정제염) 3g
- 검은 후춧가루 1g

요구사항 ※ **주어진 재료를 사용하여 다음과 같이 베이컨, 레터스, 토마토 샌드위치를 만드시오.**

❶ 빵은 구워서 사용하시오.
❷ 토마토는 0.5cm 두께로 썰고, 베이컨은 구워서 사용하시오.
❸ 완성품은 4조각으로 썰어 전량을 제출하시오.

조리기구 코팅팬, 나무젓가락, 계량컵, 계량스푼, 칼, 도마, 행주, 키친타월

만드는 법 1 양상추를 씻어 찬물에 담가 놓는다.

2 팬에 빵을 넣고 은은한 불에서 연한 갈색이 나도록 앞뒤로 구워준다.

3 토마토는 0.5cm 두께로 4조각으로 썰어서 준비하여 놓는다.

4 베이컨은 코팅팬에서 구워 놓는다.

5 버터를 크림상태로 녹여 빵의 한쪽 면에 바르고 중간에 들어가는 빵은 양쪽 면에 마요네즈를 바른 후 빵-양상추-토마토-빵-양상추-베이컨-빵 순으로 놓고 샌드위치를 만든다.

6 칼로 가장자리 부분의 4면을 조금씩 잘라내고 대각선으로 4등분하여 접시에 쓰러지지 않게 담아 완성한다.

Hamburger Sandwich
햄버거 샌드위치

재료목록

- 소고기(살코기, 방심) 100g
- 양파(중, 150g) 1개
- 빵가루(마른 것) 30g
- 셀러리 30g
- 소금(정제염) 3g
- 검은 후춧가루 1g
- 양상추(20g) 2잎
  (잎상추로 대체가능)
- 토마토(중, 150g) 1/2개
  (둥근 모양이 되도록 잘라서 지급)

- 버터(무염) 15g
- 햄버거빵 1개
- 식용유 20mL
- 달걀 1개

요구사항 ※ **주어진 재료를 사용하여 다음과 같이 햄버거 샌드위치를 만드시오.**

❶ 빵은 버터를 발라 구워서 사용하시오.

❷ 고기에 사용되는 양파, 셀러리는 다진 후 볶아서 사용하시오.

❸ 고기는 미디엄웰던(medium-welldon)으로 굽고, 구워진 고기의 두께는 1cm로 하시오.

❹ 토마토, 양파는 0.5cm 두께로 썰고 양상추는 빵크기에 맞추시오.

❺ 샌드위치는 반으로 잘라 내시오.

조리기구 코팅팬, 뒤집게, 믹싱볼, 거품기, 나무주걱, 계량컵, 계량스푼, 칼, 도마, 행주, 키친타월

만드는 법

1 토마토와 양파를 0.5cm 두께의 링으로 썰어 놓고 양파와 셀러리를 곱게 다져서 코팅팬에 버터를 넣고 볶은 후 식혀 놓는다.

2 빵을 옆으로 반을 갈라 버터를 바른 후 팬에서 노릇노릇하게 토스트하고 계란을 풀어 놓는다.

3 믹싱볼에 고기의 수분을 제거해서 넣고 볶은 양파와 셀러리, 계란물, 빵가루, 소금, 후추를 넣어 섞고 끈기가 있게 잘 치대어 놓는다.

4 고기반죽을 빵 크기보다 지름이 1cm가량 더 크게 하고 0.8cm 두께의 원형으로 만든다(구우면서 줄어들고 두꺼워짐)

5 프라이팬에 기름을 두르고 원형으로 만든 고기를 갈색이 나게 굽는다.

6 버터를 크림상태로 만들고 구워진 햄버거 빵에 바른 다음 빵 위에 양상추, 고기, 토마토, 양파, 빵 순으로 올려 반으로 잘라 접시에 담아 완성한다.

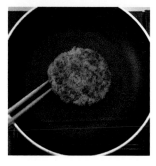

Chapter 11

Pasta(파스타)

1. 파스타의 개요

- 정확한 기록은 없으나 두 가지 설이 있음
  (약 3500년 전 중국의 국수가 넘어갔다는 설, 투스카니에 있는 에트루스칸족이 4세
  기경에 발견)
- **정의**: 세몰리나를 반죽하여 형태를 갖추어 건조시켜 만들거나 신선하게 만든 스파
  게티, 마카로니, 라비올리 등의 반죽
- 파스타(pasta)는 이탈리아어로 "반죽(paste, dough, batter)"을 의미
- 과거에는 "몸속에서 소화 흡수되어 영양을 보충할 수 있는 반죽"이라는 의미의 '파
  스타 알리멘타레(pasta alimentare)'로 불림
- 반죽재료로 밀가루, 메밀가루, 옥수수가루, 콩가루 등을 이용
- 노란색 반죽을 만들 때는 난황(Egg yolk), 이탈리아에서는 난백, 난황 모두 사용
- 난황이 더 맛있다고 하는 사람도 있음, 흰색 반죽은 난백 사용, 건파스타는 난황 사용
- 수프 대신 먹음, 밀가루로 반죽한 것을 총칭
- **스파게티**: 얇고 긴 국수 형태의 파스타로 굵기 다양
- **라자냐**: 반죽을 판형으로 민 파스타로 라자냐 소스, 치즈를 쌓아 구운 것
- **라비올리**: 판형 파스타 사이에 치즈, 간 고기, 새우, 채소 등을 넣고 만두처럼 속을

채운 것

- 파스타 대표소스

• 볼로네즈 소스: 고기, 양송이, 양파, 토마토소스

• 까르보나라 소스: 베이컨과 생크림소스

• 봉골레 소스: 조개와 마늘을 주재료로 한 나폴리식 소스

• 마레 소스: 홍합, 오징어, 새우 등 해물을 주재료로 토마토를 넣은 소스

• 알리오 에 올리오 페페론치노 소스: 마늘과 고추, 올리브유를 넣고 만든 소스

2. 파스타의 분류

1) 제조과정에 따른 분류

• 건조 파스타

• 생파스타

2) 형태에 따른 분류

• 스파게티로 대표되는 국수형 파스타

• 구멍이 뚫린 긴 튜브 모양의 파스타

• 얇게 밀어 칼로 잘라 만드는 파스타

• 튜브 모양의 쇼트 파스타

• 독특한 모양의 쇼트 파스타

• 속을 채워 만드는 만두형 파스타

• 미니 파스타

• 감자 파스타

Spaghetti Carbonara
스파게티 카르보나라

재료목록

- 스파게티 면(건조 면) 80g
- 올리브오일 20mL
- 버터(무염) 20g
- 생크림(동물성) 180mL
- 베이컨(길이 25~30cm) 1조각
- 달걀 1개
- 파마산 치즈가루 10g
- 파슬리(잎, 줄기 포함) 1줄기
- 소금(정제염) 5g
- 검은 통후추 5개
- 식용유 20mL

요구사항 ※ **주어진 재료를 사용하여 다음과 같이 스파게티 카르보나라를 만드시오.**

❶ 스파게티 면은 al dente(알덴테)로 삶아서 사용하시오.

❷ 파슬리는 다지고 통후추는 곱게 으깨서 사용하시오.

❸ 베이컨은 1cm 정도 크기로 썰어, 으깬 통후추와 볶아서 향이 잘 우러나게 하시오.

❹ 생크림은 달걀 노른자를 이용한 리에종(liaison)과 소스에 사용하시오.

조리기구 코팅팬, 믹싱볼, 냄비, 체, 대나무젓가락, 계량컵, 계량스푼, 칼, 도마, 행주, 키친타월

만드는 법

1 파슬리는 찬물에 담가 살려 놓고 잎을 곱게 다진 후 소창에 담고 흐르는 물에 헹궈 짜준다.

2 통후추는 칼을 눕혀 으깨 놓고 베이컨은 가로세로 1cm로 잘라 놓는다.

3 끓는 물에 소금을 넣고 스파게티를 7분간 삶아 체에 밭친 후 올리브 기름으로 버무려 놓고 면수는 따로 모아 놓는다.

4 계란 노른자에 생크림, 파마산 치즈의 반을 넣고 소금, 후추를 넣어 섞어준다.

5 팬에 버터를 넣고 통후추, 베이컨을 넣고 볶다 삶은 스파게티 면을 넣고 면수 50ml를 넣고 끓으면 **4**를 넣고 불을 끄고 잘 섞어준다.

6 다진 파슬리와 파마산치즈를 넣고 잘 섞어준 후 동그랗게 말아 접시에 담는다.

7 파마산치즈 가루, 으깬 통후추, 다진 파슬리를 위에 뿌려준다.

Seafood Spaghetti Tomato Sauce
토마토소스 해산물 스파게티

재료목록

- 스파게티 면(건조 면) 70g
  - 토마토(캔)(홀필드, 국물 포함) 300g
  - 마늘 3쪽
  - 양파(중, 150g) 1/2개
  - 바질(신선한 것) 4잎
  - 파슬리(잎, 줄기 포함) 1줄기
  - 방울토마토(붉은색) 2개
- 올리브오일 40mL
- 새우(껍질 있는 것) 3마리
- 모시조개(지름 3cm) 3개(바지락 대체가능)

- 오징어(몸통) 50g
- 관자살(50g) 1개
  (작은 관자 3개)
- 화이트 와인 20mL
- 소금 5g
- 흰 후춧가루 5g
- 식용유 20mL

요구사항 ※ **주어진 재료를 사용하여 다음과 같이 토마토소스 해산물 스파게티를 만드시오.**

❶ 스파게티 면은 al dente(알덴테)로 삶아서 사용하시오.

❷ 조개는 껍질째, 새우는 껍질을 벗겨 내장을 제거하고, 관자살은 편으로 썰고, 오징어는 0.8cm× 5cm 크기로 썰어 사용하시오.

❸ 해산물은 화이트와인을 사용하여 조리하고, 마늘과 양파는 해산물 조리와 토마토소스 조리에 나누어 사용하시오.

❹ 바질을 넣은 토마토소스를 만들어 사용하시오.

❺ 스파게티는 토마토소스에 버무리고 다진 파슬리와 슬라이스한 바질을 넣어 완성하시오.

조리기구 코팅팬, 믹싱볼, 냄비, 체, 대나무젓가락, 강판, 계량컵, 계량스푼, 칼, 도마, 행주, 키친타월

만드는 법

1 파슬리를 찬물에 담가 살려 놓고 잎을 곱게 다진 후 소창에 놓고 흐르는 물에 헹궈 짜준다.

2 캔 토마토 홀을 주걱으로 곱게 으깨 놓는다. 양파와 마늘을 다져 놓는다.

3 팬에 올리브 기름을 넣고 다진 마늘, 다진 양파를 넣고 볶다 으깬 토마토를 넣고 볶다 슬라이스한 바질을 넣고 소금, 후추로 간을 한다.

4 새우는 껍질과 내장을 제거하고 등에 살짝 칼집을 넣고 오징어는 가로세로 0.8cm×5cm로 잘라 놓고 관자는 편으로 썰고 조개는 깨끗이 씻어 놓는다.

5 끓는 물에 소금을 넣고 스파게티를 7분간 삶고 체에 밭친 후 올리브 기름으로 버무려 놓고 면수는 남겨 놓는다.

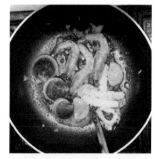

6 팬에 올리브 기름을 넣고 다진 마늘, 양파를 볶다 해산물과 방울토마토를 넣고 백포도주를 넣어 졸여준 후 면을 넣고 토마토소스와 면수 80ml를 넣고 끓이다 다진 파슬리와 바질을 넣고 소금, 후추로 간을 한다.

7 접시에 파스타를 동그랗게 말아 담고 해산물과 소스를 담고 다진 파슬리와 바질을 올려준다.

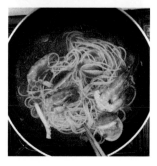

개인위생상태 및 안전관리 세부기준 안내

1. 개인위생상태 세부기준

순번	구분	세부기준
1	위생복 상의	• 전체 흰색, 손목까지 오는 긴소매 　－ 조리과정에서 발생 가능한 안전사고(화상 등) 예방 및 식품위생(체모 유입방지, 오염도 확인 등) 관리를 위한 기준 적용 　－ 조리과정에서 편의를 위해 소매를 접어 작업하는 것은 허용 　－ 부직포, 비닐 등 화재에 취약한 재질이 아닐 것, 팔토시는 긴팔로 불인정 • 상의 여밈은 위생복에 부착된 것이어야 하며 벨크로(일명 찍찍이), 단추 등의 크기, 색상, 모양, 재질은 제한하지 않음(단, 핀 등 별도 부착한 금속성은 제외)
2	위생복 하의	• 색상 · 재질 무관, 안전과 작업에 방해가 되지 않는 발목까지 오는 긴바지 　－ 조리기구 낙하, 화상 등 안전사고 예방을 위한 기준 적용
3	위생모	• 전체 흰색, 빈틈이 없고 바느질 마감처리가 되어 있는 일반 조리장에서 통용되는 위생모 (모자의 크기, 길이, 모양, 재질(면 · 부직포 등) 은 무관)
4	앞치마	• 전체 흰색, 무릎 아래까지 덮이는 길이 　－ 상하일체형(목끈형) 가능, 부직포 · 비닐 등 화재에 취약한 재질이 아닐 것
5	마스크	• 침액을 통한 위생상의 위해 방지용으로 종류는 제한하지 않음 (단, 감염병 예방법에 따라 마스크 착용 의무화 기간에는 '투명 위생 플라스틱 입가리개'는 마스크 착용으로 인정하지 않음)
6	위생화 (작업화)	• 색상 무관, 굽이 높지 않고 발가락 · 발등 · 발뒤꿈치가 덮여 안전사고를 예방할 수 있는 깨끗한 운동화 형태
7	장신구	• 일체의 개인용 장신구 착용 금지(단, 위생모 고정을 위한 머리핀 허용)
8	두발	• 단정하고 청결할 것, 머리카락이 길 경우 흘러내리지 않도록 머리망을 착용하거나 묶을 것

9	손/손톱	• 손에 상처가 없어야 하나, 상처가 있을 경우 보이지 않도록 할 것(시험위원 확인하에 추가 조치 가능) • 손톱은 길지 않고 청결하며 매니큐어, 인조손톱 등을 부착하지 않을 것
10	폐식용유 처리	• 사용한 폐식용유는 시험위원이 지시하는 적재장소에 처리할 것
11	교차오염	• 교차오염 방지를 위한 칼, 도마 등 조리기구 구분 사용은 세척으로 대신하여 예방할 것 • 조리기구에 이물질(예, 테이프)을 부착하지 않을 것
12	위생관리	• 재료, 조리기구 등 조리에 사용되는 모든 것은 위생적으로 처리하여야 하며, 조리용으로 적합한 것일 것
13	안전사고 발생 처리	• 칼 사용(손 빔) 등으로 안전사고 발생 시 응급조치를 하여야 하며, 응급조치에도 지혈이 되지 않을 경우 시험진행 불가
14	눈금표시 조리도구	• 눈금표시된 조리기구 사용 허용 (실격 처리되지 않음, 2022년부터 적용) (단, 눈금표시에 재어가며 재료를 써는 조리작업은 조리기술 및 숙련도 평가에 반영)
15	부정 방지	• 위생복, 조리기구 등 시험장 내 모든 개인물품에는 수험자의 소속 및 성명 등의 표식이 없을 것 (위생복의 개인 표식 제거는 테이프로 부착 가능)
16	테이프 사용	• 위생복 상의, 앞치마, 위생모의 소속 및 성명을 가리는 용도로만 허용

※ 위 내용은 식품안전관리인증기준(HACCP) 평가(심사) 매뉴얼, 위생등급 가이드라인 평가 기준 및 시행상의 운영사항을 참고하여 작성된 기준입니다.

2. 위생상태 및 안전관리에 대한 채점기준 안내

위생 및 안전 상태	채점기준
1. 위생복(상/하의), 위생모, 앞치마, 마스크 중 한 가지라도 미착용한 경우 2. 평상복(흰 티셔츠, 와이셔츠), 패션모자(흰털모자, 비니, 야구모자) 등 기준을 벗어난 위생복장을 착용한 경우	실격 (채점대상 제외)
3. 위생복(상/하의), 위생모, 앞치마, 마스크를 착용하였더라도 • 무늬가 있거나 유색의 위생복 상의 · 위생모 · 앞치마를 착용한 경우 • 흰색의 위생복 상의 · 앞치마를 착용하였더라도 부직포, 비닐 등 화재에 취약한 재질의 복장을 착용한 경우 • 팔꿈치가 덮이지 않는 짧은 팔의 위생복을 착용한 경우 • 위생복 하의의 색상, 재질은 무관하나 짧은 바지, 통이 넓은 힙합스타일 바지, 타이츠, 치마 등 안전과 작업에 방해가 되는 복장을 착용한 경우 • 위생모가 뚫려있어 머리카락이 보이거나, 수건 등으로 감싸 바느질 마감처리가 되어있지 않고 풀어지기 쉬워 일반 조리장용으로 부적합한 경우 4. 이물질(예, 테이프) 부착 등 식품위생에 위배되는 조리기구를 사용한 경우	'위생상태 및 안전관리' 점수 전체 0점
5. 위생복(상/하의), 위생모, 앞치마, 마스크를 착용하였더라도 • 위생복 상의가 팔꿈치를 덮기는 하나 손목까지 오는 긴소매가 아닌 위생복(팔토시 착용은 긴소매로 불인정), 실험복 형태의 긴 가운, 핀 등 금속을 별도 부착한 위생복을 착용하여 세부기준을 준수하지 않았을 경우 • 테두리선, 칼라, 위생모 짧은 창 등 일부 유색의 위생복 상의 · 위생모 · 앞치마를 착용한 경우 (테이프 부착 불인정) • 위생복 하의가 발목까지 오지 않는 8부바지 • 위생복(상/하의), 위생모, 앞치마, 마스크에 수험자의 소속 및 성명을 테이프 등으로 가리지 않았을 경우 6. 위생화(작업화), 장신구, 두발, 손/손톱, 폐식용유 처리, 안전사고 발생처리 등 '위생상태 및 안전관리 세부기준'을 준수하지 않았을 경우 7. '위생상태 및 안전관리 세부기준' 이외에 위생과 안전을 저해하는 기타사항이 있을 경우	'위생상태 및 안전관리' 점수 일부 감점

※ 위 기준에 표시되어 있지 않으나 일반적인 개인위생, 식품위생, 주방위생, 안전관리를 준수하지 않았을 경우 감점처리 될 수 있습니다.
※ 수도자의 경우 제복 + 위생복 상의/하의, 위생모, 앞치마, 마스크 착용 허용

Reference

국내문헌

- 강무근 외, 서양요리, 예문사, 2002.
- 경영일, 맛있게 배우는 서양요리, 광문각, 2005.
- 고범석 외, 서양요리의 세계, 훈민사, 2009.
- 김기영, 호텔주방관리론, 백산출판사, 2000.
- 김기영 외, 서양조리실무론, 성안당, 2000.
- 김옥란 외, 최신서양요리, 백산출판사, 2011.
- 김원일, 정통서양요리, 형설출판사, 1990.
- 김재욱 외, 식품가공학, 문운당, 2002.
- 김헌철 외, 호텔식 정통서양요리, 훈민사, 2006.
- 나영선, 서양조리실무개론, 백산출판사, 1999.
- 박경태 외, 현대서양조리실무, 훈민사, 2004.
- 박상욱 외, 서양요리 이론과 실제, 형설출판사, 2004.
- 박정준 외, 기초서양조리, 기문사, 2002.
- 염진철 외, 고급서양요리, 백산출판사, 2004.
- 염진철 외, 기초서양조리, 백산출판사, 2006.
- 오석태 외, 서양조리학개론, 신광출판사, 2002.
- 장학길 외, 현대식품재료학, 지구문화사, 2000.
- 정청송 외, 조리과학 기술사전, C G.S., 2003.
- 정청송, 불어조리용어사전, 기전연구사, 1988.
- 정청송, 서양요리기술론, 기전연구사, 1990.
- 진양호, 현대서양요리, 형설출판사, 1990.
- 최성우 외, 서양요리, 효일출판사, 2006.
- 최수근, 서양요리, 형설출판사, 2003.
- 최수근, 프랑스 요리의 이론과 실제, 형설출판사, 1999.
- 최효근 외, 디저트의 이론과 실제, 형설출판사, 2000.

국외문헌

- CIA, The New Professional Chef, 7th Edition, John Wiley & Sons, 2002.

- CIA, The New Professional Chef, 8th Edition, John Wiley & Sons, 2006.
- Paul Bouse, New Professional Chef, Wiley, 2003.
- Paul Bouse, The New Professional Chef, 6th Edition, Van Nostrand Reinhold, 1996.
- Wayne Gisslen, Professional Cooking, Wiley, 2002.
- Wayne Gisslen, Professional Cooking, Fifth Edition, John Wiley & Sons, 2003.
- Sarah R. Labensky, Alan M. Hause, On Cooking, Prentice-Hall, 1995.

기타

- 롯데 호텔 직무교재, 1990.
- 신라호텔 직무교재, 1995.
- 조리교재발간 위원회, 조리체계론, 한국외식정보, 2002.
- 호텔 인터콘티넨탈 직무교재, 1993

Profile

이동근

현) 국제대학교 호텔조리전공 교수(학과장)
  경기도 테크노파크 기술닥터
  대한민국국제요리제과경연대회 운영위원장

- 관광학박사
- Korea Master Chef(2007-04 대한민국 국가공인 조리기능장)
- 조리명인(2016-01)
- KOREA 월드푸드챔피언십대회 조직위원장
- KOREA 월드푸드챔피언십대회 운영위원장
- Marriott Hotel Group Renaissance Seoul Hotel

- 환경부장관상
- 보건복지부장관상
- 농림축산식품부장관상
- 싱가포르 세계요리대회 은상
- 국제기능올림픽 전국기능경기대회 금상
- 국제기능올림픽 서울지방기능경기대회 금상 외 다수 수상

e-mail : mutjin6262@daum.net

주요 논저
- 서양요리실무(백산출판사)
- Stock Sauce Soup(백산출판사)
- 조리실무와 주방관리(훈민사)
- 최신서양조리(백산출판사)
- 메인요리콤퍼지션(훈민사)
- 서양요리의 세계(훈민사)
- Western Culinary English(훈민사)
- The Effects of Convenience Store HMR Product Selection Attributes are Related to Brand Trust and Purchase Intention 외

서강태

현) 백석문화대학교 호텔외식조리학부 교수
  한국산업인력공단 실기조리기능사 심사위원
  한국관광산업학회 이사
  한국조리학회 이사
  한국음식관광협회 이사

- 호텔경영학박사
- Hotel Capital Chef
- JW Marriott Hotel Chef

- 대한민국국제요리경연대회 소상공인진흥원장상
- 대한민국국제요리경연대회 우수지도자상
- 국제요리경진대회 JW Marriott Hotel 단체금상
- 서울시장상

주요 논저
- Garde Manger 공저 외 다수
- 더덕껍질의 일반성분 분석과 항산화활성
- 호텔종사원의 조직공정성이 선제적 행동과 지식공유의도에 미치는 영향에 있어 조직신뢰의 조절효과
- 강원 영서지역 남, 여 대학생의 건강 기능성 식품 인삼 및 인삼제품에 대한 인식도 조사 외 다수

이필우

현) 대림대학교 호텔조리과 교수

- 식품조리학박사
- 대한민국 조리기능장
- 한식, 양식, 중식, 일식, 복어, 식육처리, 조주, 떡 기능사
- 한식, 양식, 식품 산업기사, 위생사 면허

- 서울 드래곤 시티 호텔 Excutive Sous Chef
- ㈜아워홈 메뉴 R&D 팀장
- SK 워커힐 호텔 Head Chef
- 임피리얼 팰리스 호텔 Chef
- Mohegansun Casino Hotel Chef(USA)
- ㈜아워홈 OCA고급조리, 연회, 뷔페 특강 외래강사
- 한국산업인력공단 조리기능사, 산업기사 실기감독위원
- G20/핵안보/청와대 세계정상 국빈만찬

- 기능경기대회 금메달
- 서울국제요리대회 라이브, 전시, 단체전 및 개인전 금메달
- 대통령 표창장 등

주요 연구실적
- 건조방법에 따른 와송 분말 첨가 생면 파스타의 제조 및 품질 특성
- Quality Characteristics of Fresh Pasta Using Orostachys Japonicus Powder Prepared by Different Drying Methods
- 고용안정성과 직무 만족도의 관계에서 심리적 자본의 매개효과에 관한 연구
- Employment Stability Influencing Job Satisfaction via Psychological Capital in Case of Culinary Department
- 동결건조 돼지감자 분말을 첨가한 소고기 패티의 품질 특성 외 다수

저자와의
합의하에
인지첩부
생략

서양조리

2024년 3월 10일 초판 1쇄 발행
2025년 1월 31일 초판 2쇄 발행

지은이 이동근·서강태·이필우
펴낸이 진욱상
펴낸곳 (주)백산출판사
교 정 성인숙
본문디자인 신화정
표지디자인 오정은

등 록 2017년 5월 29일 제406-2017-000058호
주 소 경기도 파주시 회동길 370(백산빌딩 3층)
전 화 02-914-1621(代)
팩 스 031-955-9911
이메일 edit@ibaeksan.kr
홈페이지 www.ibaeksan.kr

ISBN 979-11-6567-819-7 93590
값 26,000원